青少年 应急自救 知识读本

掌握应急自救知识，提高自我保护

雪灾防范与自救

了解应急自救知识，
提高自我保护意识，增强自我保护能力
运用知识、技巧，沉着冷静地化解危机

苏　易◎编著

河北出版传媒集团

河北科学技术出版社

图书在版编目(CIP)数据

雪灾防范与自救 / 苏易编著. --石家庄：河北科学技术出版社，2013.5(2021.2重印)
ISBN 978-7-5375-5867-9

Ⅰ.①雪… Ⅱ.①苏… Ⅲ.①雪害-灾害防治-青年读物②雪害-灾害防治-少年读物③雪害-自救互救-青年读物④雪害-自救互救-少年读物 Ⅳ.①P426.616-49

中国版本图书馆 CIP 数据核字(2013)第 095474 号

雪灾防范与自救
xuezai fangfan yu zijiu
苏易　编著

出版发行	河北出版传媒集团	
	河北科学技术出版社	
地　　址	石家庄市友谊北大街330号(邮编:050061)	
印　　刷	北京一鑫印务有限责任公司	
经　　销	新华书店	
开　　本	710×1000　1/16	
印　　张	13	
字　　数	160千字	
版　　次	2013年6月第1版	
	2021年2月第3次印刷	
定　　价	32.00元	

雪是人世间的精灵，给我们带来无穷的乐趣；雪是自然界的化妆师，为我们装扮缤纷的世界；雪还是天空的信使，为我们捎来冬的气息。在世界的各个角落我们都能看到它的身影，屋檐、枝杈、大地、山弯……雪花从天而降，把世界变成一座圣洁的宫殿。人们在这座宫殿里嬉戏打闹。对大自然的敬畏之情油然而生。然而，如果美丽的雪花持续不断地降落，就会给生灵带来危害。

雪灾是自然界中所发生的异常现象，其对人类社会所造成的危害往往是触目惊心的，直到今天我们依然没有办法阻止这些天灾。2008年初的冰雪灾难已经过去，但灾难给我们带来的伤害以及反思仍然值得我们回味。在那场大雪中我们知道了雪灾的可怕，同时雪灾也告诫我们要在雪灾来临时学会保护自己，救助他人。今天，我们应该科学地认识灾害，有效地防范灾害，来构建人与自然和谐发展的未来。

　　《雪灾防范与自救》是一本加强青少年避灾自救意识、帮助青少年掌握避灾常识、提高自救与互救能力的科普书籍，主旨是让灾难的危害降低，让更多的生命从容避险。本书内容精练，知识丰富，通俗易懂，希望青少年朋友通过阅读本书，能够获得更多的避灾自救知识。

　　限于编者的水平和条件，书中疏漏和不妥之处在所难免，恳请广大读者及同行专家指正。

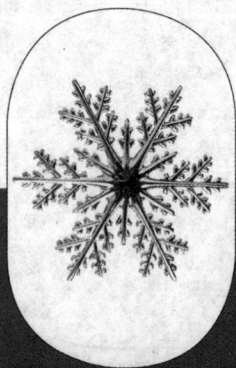

M

3000

2000

1000

0

B

雪线

A

C

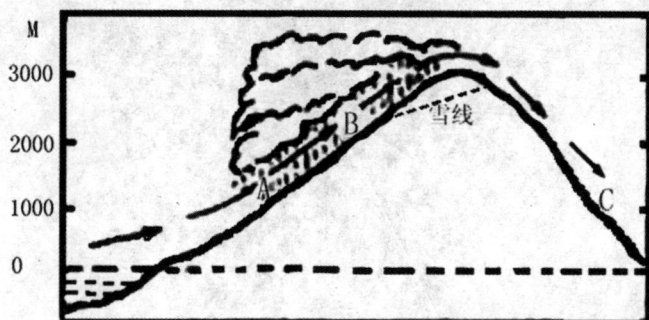

第一章 认识雪灾

目录

Contents

第二章　如何预报防范雪灾

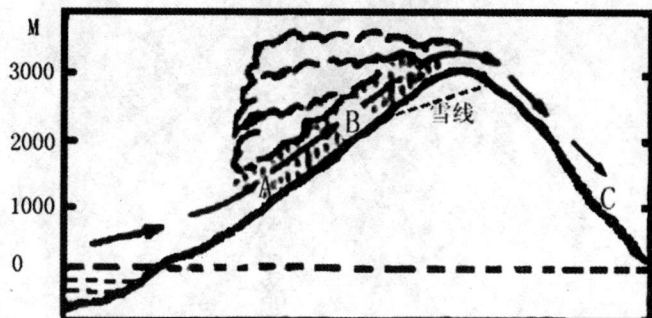

第三章　如何在雪灾中自救与互救

第四章　如何应对雪灾过后

第五章　历史上的重大雪灾

目录

Contents

第一章

认识雪灾

雪的定义

从其本质来看，雪是水的固体形态。地球上万物存在的根本，也都与水的变化和运动有关。正因为如此，才有了我们今天美好的大千世界。众所周知，地球上的水是不断循环往复运动着的。海洋和地面上的水受热蒸发变成水蒸气，上升到空中，然后又随着风的运动，飘到别的地方，一旦它们遇到冷空气，便会凝结成云转而形成降水，重新回到地球表面。这种降水通常有两种存在形式：一种是液态降水，其表现为下雨；另一种是固态降水，表现为下雪或下冰雹等。大气层中，以固态形式落到地球表面上的降水，被称为大气固态降水。大气固态降水的典型代表就是雪。在我国，冬天大部分地区出现的降水，都是以雪的形式。但是因为雪花降落到地面上的时候，有大有小，形状不一，以及积雪的疏密程度不同，所以，气象上就在度量降雪等级的时候，用雪融化后的水来计算。

在气象学上，通常把雪按 24 小时内降水量分为 4 个等级：小雪为 0.1～2.4 毫米的雪，中雪为 2.5～4.9 毫米的雪，大雪为 5.0～9.9 毫米的雪，被称为暴雪的是 10 毫米以上（含 10 毫米）的雪。

然而，从降水量的角度来看，即使暴雪的量级仅仅达到雨量中的中雨量，大体计算一下，10 毫米深的积雪也只能融化成 1 毫米的水。

在自然界中，大气固态降水的表现形式是多种多样的。除了雪花以外，还有至少三种可以造成很大危害的冰雹，以及少见的雪霰和冰粒。

大气固态降水多种多样的形态，是由于在天空中，气象条件和生长环境有很大差异。此外，大气固态降水的叫法也是名目繁多，极不统一的。于是，国际水文协会所属的国际雪冰委员会在 1949 年召开了一个专门性的国际会议，专门对大气固态降水作了简明分类。这个简明分类，把大气固态降水划分为十类：雪片、星形雪花、柱状雪晶、针状雪晶、多枝状雪晶、轴状雪晶、不规则雪晶、霰、冰粒和雹。在此，把前七类统一称为雪。那么，为什么后三者不能称为雪呢？事实上，由气态的水汽变成固态的水需要经过两个过程：一个是先把水汽变成水，然后水经过凝结变成冰晶；另一个是水汽不经过水，直接变成冰晶，这个过程叫做水的凝华。雪就是由凝华形成的。

因此，可以把雪说成是天空中的水汽经过凝华而来的固态降水。

雪的形成

雪是由空中的水蒸气形成的，那么在天空中运动的水汽又怎样形成雪呢？形成雪时有什么条件呢？必须具备以下两个条件。

1. 水汽饱和

空气在某一个温度下所能包含的最大水汽量，叫做饱和水汽量。空气湿度达到饱和时的温度，叫做露点。饱和的空气冷却到露点以下的温度时，空气里就有多余的水汽变成水滴或冰晶。

冰面饱和的水汽含量要比水面低，所以冰晶生长所要求的水汽饱和程度比水滴要低。也就是说，水滴必须在相对湿度不小于100％时才能增长；而冰晶在相对湿度不足100％时也能增长。例如，空气温度为－20℃，相对湿度只有80％时，这时冰晶就能增长了。气温越低，冰晶增长所需要的湿度越小。因此，在高空低温环境里，冰晶比水滴更容易产生。

2. 有凝结核

形成降雪的另一个条件是空气里必须有凝结核，如果没有凝结核，很难形成降雪。空气里没有凝结核时，水汽过饱和到相对湿度500％以上的程度，才有可能凝聚成水滴。但这样大的过饱和现象在自然大气里是不会存在的。所以没有凝结核，人们在地球上就很难见到雨雪。

凝结核就是一些悬浮在空中的很微小的固体微粒。最理想的凝结核是那些吸收水分最强的物质微粒，比如说海盐、硫酸、氮和其他一些化学物质的微粒。这也就是为什么我们有时见到天空中有云，却不见降雪的原因，在这种情况下人们往往实施人工降雪。

雪的分类

雪花虽然美丽，但是非常脆弱，很容易受到破坏。如果不是处于0℃以下的气温下，几秒之内就会融化。就连观察它的一束强光都能把它毁掉，这给研究雪花带来了一定的困难。

不过，遇到问题，总会找到解决问题的办法。人们为了研究雪花，用普通的二氢化乙烯制成聚乙烯塑料稀薄溶液，用来捕获雪花和其他冰晶。溶液温度保持在-1~2℃，在外面罩上木板或者玻璃。下雪的时候，把这个外罩的盆子放在外面，用来收集雪花，然后盆子连同收集到的雪花在室内放10分钟，这时候溶剂也在蒸发。10分钟后，它的温度与室温相同，雪花就开始融化。水蒸气通过盖着盘子的塑料薄膜散发出去，之后印迹被永远留下。

莱布尼茨曾经说过："世界上没有两片完全相同的树叶。"同样的道理，世界上也没有两片完全相同的雪花，但是，如果对无数的雪花进行仔细的研究，你就会发现雪花有好几种类型。这激起了科学家们研究的兴趣，所以，他们不断地寻找划分雪花的标准。1951年，雹块、雪花和其他冰形都采用国际划分标准。其中，把冰晶分为7种类型：片状、星状、柱状、车轮状、针状、多枝状雪晶，不规则状冰晶。

片状雪花为六面，星状为六点冰晶，柱状和车轮状是长方形冰晶，但不同的是，车轮状每一侧都有一条状物，当两个或多个冰晶结合在一起时，车轮条状仍然保留。针状为尖形冰晶，也能结合在一起。多枝状冰晶像蕨类植物的叶片一样有很多枝伸出。不规则冰晶凝结在一起时形状更加不规则。

另外，还补充了软雹、雨夹雪和雹三个冰状降水符号，每一类都可划分得更细。可以说，这个国际划分标准，让科学家使用大家都能够理解的冰晶名称。中谷宇吉郎又对此国际划分标准进行发展，把雪花分为41种。1936年他把分类结果公布于众，1966年人们又对中谷宇吉郎的分类进行延展，雪花总类提高到80个。

现在科学家对水是怎样结冰的，小冰晶又是如何结合在一起形成雪花等一系列问题，有了一定的了解。

最容易降雪、积雪的地方

真正的山脉总是和悬崖峭壁联系在一起，有深邃的山谷，嶙峋的怪石，直入云霄的山峰。因此山脉总有背阴之地，也有永远见不到太阳的地方，雪就会久积于此，不能融化。但是，即使有一座平滑的圆锥形山脉，要想在上面找到最容易被积雪覆盖的一部分，也很困难。

在北半球的中纬度地区，夏季，太阳正午时分日照最强的时候大约是在西南方向，所以，山的西南侧比处于阴面的东北部温暖。天气系统从西向东循环，因为西侧受天气的影响，接近山脉的空气要向上被迫攀升，所以这一侧的降水量最大。如果结合这些因素考虑，我们可以把这座山分为四个区域。

山的东部和南部有充足的阳光，不受天气的影响；西南和西北地区，完全受天气的影响，但阳光明媚；而处于东南和东北之间的地带既背阴，又不受天

气的影响，所以气温比较低，气候比较干燥；西部和北部，背阴，但有一部分区域受天气的影响，所以最有可能降雪。

高山上，如果终年覆盖着积雪，常年积雪较低的界限叫做雪线。雪线以上的地区，一年中的任何时候都有可能出现雪崩，因为山区是狂风肆虐的地方。预测雪线不用遵守固定的法则，也没有这样的固定法则。从平均高度讲，热带地区雪线为5000米，南北纬45°为2400米，南北纬55°则略高于1500米。每一块大陆，都有其海拔高度足以使雪线存在的山脉，赤道地区也有发生雪暴的可能。

雪蚀作用

什么是雪蚀作用？这是一种在冰缘气候条件下，积雪场频繁地消融和冻胀所产生的侵蚀作用。在没有冰盖的极地、亚极地以及雪线以下、树线以上的高山带最容易出现雪蚀作用。因为那里年均气温为0℃左右，属于永久冻土带。雪场边缘的交替冻融，一方面通过冰劈作用破碎地表物质，另一方面雪融水将粉碎的细粒物质带走。因此雪蚀作用有剥蚀和搬运两种。随着雪场底部加深，周边不断扩大，山坡上逐渐形成宽浅盆状凹地，这就是所谓的雪融凹地。它的形态、成因和空间分布与冰斗相似，虽不同于冰斗，但两者又有联系。当气候变得更冷、雪线下降的时候，雪蚀凹地可以发育成为冰斗；与此相反，当气候转暖、冰川消退时，冰斗可退化为雪融凹地。在不同的自然地理条件下，雪蚀作用的方式和速度也有差异。在纬度较低、降水量较大、年冻融日数较多的地区，雪蚀作用速率较快，雪蚀凹地深、面积相对要大。例如我国东北小兴安岭地区，雪蚀凹地极为普遍。与之相反，在纬度较高、降水量相对少、夏季气温低的地区，雪蚀作用就较弱。地面坡度的影响是：陡坡大于40°，雪场不易存在；而在平地上，雪蚀作用较慢；30°左右的坡地上，雪蚀作用最为活跃。

与雪有关的气象谚语

1. 八月十五云遮月，正月十五雪打灯

这句古谚语的意思是说，中秋夜如果天空云多的话，那么来年元宵夜就会有降雪。

2. 雪打高山，霜打平地

不论在高山还是在平地，雪和霜都会出现。在冬季阴天时，高山的气温一般低于平地，风速也较大，因而雪下到高山不易融化，高山上的雪一般厚于平地。雪融化时，自然是平地上的雪先融化完。由于高山的海拔高于平地，太阳光首先照在高山上，又因霜量毕竟有限，所以高山上的霜先消失掉。但是在山的背阴坡并非如此。因而有"雪打高山，霜打平地"的说法。

3. 夹雨夹雪，无休无歇

雨和雪，都是空中降水，但是它们降地之前所经历的过程不同。雪成时，温度必在0℃以下。现在下雪又下雨，表示空中冷暖气流激荡无常，因此，天气还是不能转晴的。

4. 雪后易晴

雪下在每次寒潮来临之时，也就是在冷锋上。这是在气旋的尾部，反气旋的前部。所以雪天之后，再来的是反气旋天气，于是天气转晴。

与雪有关的民谣

　　千百年来，勤劳朴实的劳动人民在生产生活中总结出数不胜数的谚语农谣，这也是人民智慧的结晶，在此仅介绍几则供大家欣赏，其余的就不一一赘述了。

　　小雪、大雪节气期间，我国大部分地区的农业生产都进入了冬季田间管理和农田基本建设阶段。此时如果有场降雪，对越冬的小麦将是十分有利的。因此，我国很早就有了"瑞雪兆丰年""今冬麦盖三层被，来年枕着馒头睡"等预示着吉祥如意的农谚和民谣。

　　小雪收葱，不收就空。萝卜白菜，收藏窖中。小麦冬灌，保墒防冻。植树造林，采集树种。改造涝洼，治水治岭。水利配套，修渠打井。

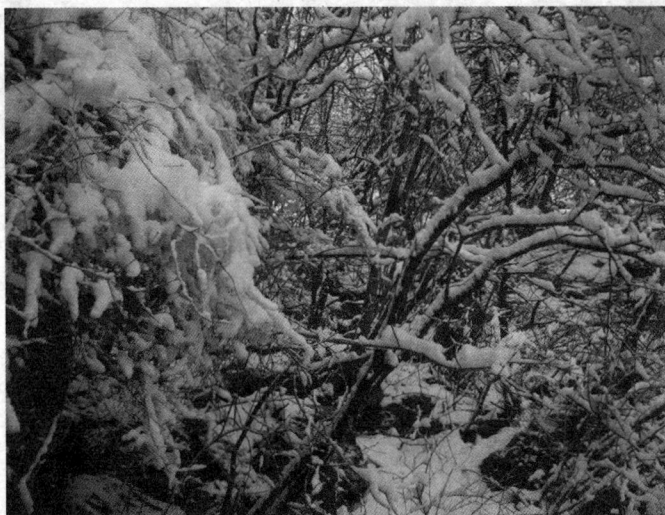

立冬小雪，抓紧冬耕。结合复播，增加收成。土地深翻，加厚土层。压沙换土，冻死害虫。

小雪满田红，大雪满田空。（这是流传在广东地区的一句民谣，但这里所谓的红，不是指红色，而是在说农活多，因为此时开始收获晚稻，播种小麦，而到了大雪节气，田里已经收割完毕，空空如也了，这也意在警示人们要勤于劳作。）

冬雪消除四边草，来年肥多虫害少。腊月里三白雨树挂，庄户人家说大话。小雪见晴天，有雪到年边。先下大片无大雪，先下小雪有大片。

什么是雪灾

雪灾亦称白灾，是因长时间大量降雪造成大范围积雪成灾的自然现象。我国一般发生在北方牧区，主要是指依靠天然草场放牧的畜牧业地区，由于冬季降雪量过多和积雪过厚，雪层维持时间长，影响到牲畜生存和正常放牧活动的一种灾害。

积雪对牧草的越冬保温可起到积极的防御作用，旱季融雪可增加土壤水分，促进牧草返青生长。积雪又是缺水或无水冬春草场的主要水源，解决人畜的饮水问题。但是雪量过大，积雪过深，持续时间过长，则造成牲畜吃草困难，甚至无法放牧，从而形成雪灾。

雪灾的形成类型

雪灾是由积雪引起的一种灾害。根据积雪稳定程度，我国积雪可分为以下 5 种类型。

1. 永久积雪

永久积雪是指在雪平衡线以上降雪积累量大于当年消融量，积雪终年不化。这些地区的积雪常年都存在，主要是在我国的大西北地区，永久性积雪的地方有时会发生雪崩现象。

2. 稳定积雪

稳定积雪也被称做连续积雪。这些地方的降雪连续性都比较强，呈现出季节性积雪，且积雪的时间都在 60 天以上。

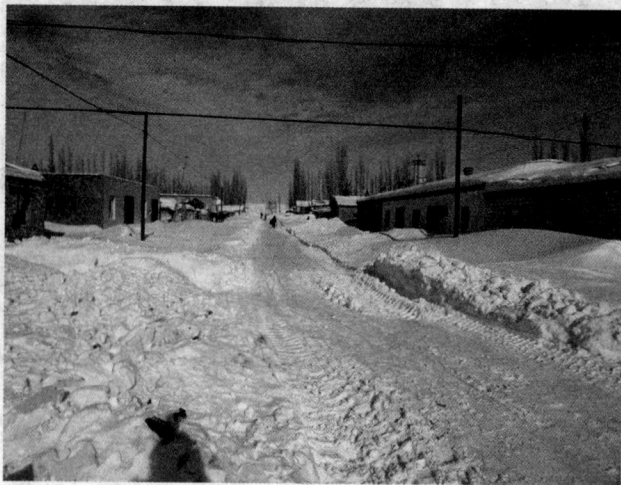

3. 不稳定积雪

不稳定积雪也被称为不连续积雪。这些地方虽然每年都有降雪，但在空间上积雪分布呈不连续分布，多为斑状分布。这些地区的气温也比较低，但积雪的时间一般为10～60天，时断时续。

4. 瞬间积雪

瞬间积雪主要发生在华南地区、西南地区，这些地区的平均气温都较高，但在季风特别强盛的一些年份，寒潮或强冷空气侵袭，也会发生大范围降雪，形成瞬间积雪，雪量过大就形成一定的灾害。这些地区的雪很快就会融化，使地表出现短时积雪，但在雪融化时如果气温过低就会形成结冰现象，造成一定的危害。

5. 无积雪

雪灾主要发生在稳定积雪地区和不稳定积雪山区，偶尔出现在瞬时无积雪地区。

雪灾分类及分级

雪灾分类

　　根据时间顺序，将每年 10 月 15 日至 12 月 31 日发生的雪灾称为前冬雪灾，翌年 1 月至 2 月发生的雪灾称为隆冬雪灾，翌年 3 月至 5 月 15 日发生的雪灾称为后冬或春季雪灾。雪灾按其发生的气候规律可分为两类：猝发型和持续型。根据我国雪灾的形成条件、分布范围和表现形式，雪灾可分为雪崩、风吹雪（风雪流）和牧区雪灾 3 种类型。

　　猝发型雪灾发生在暴风雪天气过程中或以后，在几天内保持较厚的积雪，对牲畜构成威胁。本类型多见于深秋和气候多变的春季。持续型雪灾指达到危害牲畜的积雪厚度随降雪天气逐渐加厚，密度逐渐增加，稳定积雪时间长。此类型可从秋末一直持续到第二年的春季。

　　风吹雪（风雪流）为地面积雪或雪粒被大风卷起，使水平能见度小于 10 千米的一种天气现象。它对自然积雪有重新分配的作用。风雪流形成的积雪深度一般为自然积雪深度的 3 ~ 8 倍，是我国北方地区冬季公路常见的一种自然灾害，它会造成道路埋没，交通阻塞，驾驶员能见度下降等危害。风吹雪在全球分布广泛，出现频繁。它不仅是极地冰盖、高山冰川和雪崩的物质来源，诱发并加重冰雪洪水、雪崩、泥石流及滑坡等自然灾害，而且直接给工农业生产和人民的生命财产造成严重的损失。

　　牧区雪灾是牧区常发生的一种畜牧气象灾害，主要是指依靠天然草场放牧的畜牧业地区，由于冬春积雪过厚，致使大面积草场较长时间被积雪覆盖，牧畜因冻、饿而出现批量死亡的现象，严重时也常伴随着牧民因冻伤亡、交通堵塞等情况，严重影响社会经济活动。

雪灾分级

　　依据降雪量、积雪厚度、积雪持续日数、空气温度、承灾体状况等指标，将雪灾等级分为轻灾、中灾、重灾和特大灾四级。

雪灾带来的危害

雪灾的危害程度比台风、雨涝、干旱等重大的气象灾害和地震等地质灾害要小，但也不能忽视。雪灾发生时，主要会造成以下几个方面的灾害：妨碍交通、通信、输电线路等生命线工程安全；压倒房屋；冻坏农作物，导致农业歉收或严重减产，大量积雪可压塌大棚，对蔬菜生产和供应造成不利影响；大雪常伴随低温冻害，致使老人及牲畜冻伤或冻死，造成道路冻雪或形成积冰，致使交通事故多发和行人跌倒或摔伤。

对畜牧业的危害

主要是积雪掩盖草场，且超过一定深度，有的积雪虽不深，但密度较大，或者雪面覆冰形成冰壳，牲畜难以扒开雪层吃草，造成饥饿，有时冰壳还易划破羊和马的蹄腕，造成冻伤，致使牲畜瘦弱，常常造成牧畜流产，仔畜成活率低，老弱幼畜饥寒交迫，死亡增多。另外，在严寒季节冬春禽的抵抗力下降，某些病毒性疾病如传染性胃肠炎、传染性支气管炎、慢性呼吸道疾病、流行性腹泻、蓝耳病、口蹄疫和体外寄生虫病等爆发的可能性增加，

这时的雪灾可以起到催化和加剧的作用。

我国内蒙古、新疆、青海、西藏四大牧区，几乎每年秋冬春季节都有不同程度的雪灾发生，较大的雪灾差不多每隔几年就发生一次。青海省的牧民就流传着"五年一大灾，三年一小灾"等说法。如 1992 年与 1993 年冬春之交，内蒙古、青海、西藏和甘肃等省、自治区的部分地区先后连降大雪，受灾草场达 2 万平方千米，受灾人口 110 万，死亡牲畜 100 万头（只），使我国的北方草场均受到严重损失。

对交通的危害

雪灾时，交通线路与交通工具不断受到严重破坏，交通中断，运力损坏，造成道路结冰，致使车轮与路面摩擦作用大大减弱，导致车辆打滑或刹车失灵，引起交通事故，阻塞交通运行；造成行人滑倒、摔伤。灾害严重时，导致机场关停，部分水路封航，公路桥梁损坏，重点灾区交通陷于瘫痪，局部交通交流失衡，正常物流秩序与国民经济遭受较大影响。

对农业的危害

对农村和农业来讲，降雪的益处远大于危害，但随着农业现代化、市场化的发展，雪的危害也逐渐显现出来。主要表现在：降雪压垮温室大棚，或长期阴天降雪缺乏日照使大棚温度过低，影响蔬菜、水果的产量和品质。由于雪天交通不便，使时鲜农产品得不到及时收购和外运，造成产品积压甚至变质，影

响经济效益。雪灾后,蔬菜虫害会减少,但病害会加重,随着气温回升,在温暖潮湿环境中,真菌性病害会加重。

对水产养殖业的危害

鱼、虾等水产类受到冰雪灾害的影响,生育率下降,自身免疫功能受到损害,抵御重大疫病和外界恶劣环境能力下降,具体表现为摄食频率和摄食强度降低,抵御细菌、病毒、寄生虫侵害的能力下降。生长速度缓慢,饲料成本增高,商品性能下降,高密度条件下的养殖、运输、存活率降低。

对旅游业的危害

降雪使一些处在山区的旅游景点的游客锐减,影响旅游及相关产业的收入。山区野外活动,雪崩是威胁人们生命安全的一种重要灾害。

其他方面的危害

秋冬之交或冬春之交气温较低时，雨夹雪或湿雪落在树木或电力设施上，会造成树木或电线积雪或结冰，出现压断树木和电线的事件。除直接伤人毁物外，断电也会引起一系列城市灾害，供电、供水、供暖系统不能正常运转，医院、学校及居民生活受到严重影响，通信线路中断等。

我国雪灾的区域分布

雪灾主要发生在稳定积雪地区和不稳定积雪山区，偶尔出现在瞬时积雪地区。从全球范围看，雪灾主要发生在北欧、美国、俄罗斯等国家和地区。在我国，积雪的分布具有以下规律：自南向北逐渐增厚，由西向东，明显减少；平原、盆地和谷地积雪少于周围山地；山脉内的山间盆地或高原中心地区积雪更少；山地积雪具有明显的垂直递增规律。

积雪分布

南起云南省的玉龙山，北抵阿尔泰山，东自四川省的雪宝顶，西达帕米尔高原，永久积雪呈散点状分布，面积达 5.65 万平方千米。那里积雪长年不化，变质成冰，成为现代冰川赖以生存的物质补给来源。我国稳定积雪区达 420 万平方千米，包括：

青藏高原地区（藏北高原和柴达木盆地除外），面积 230 万平方千米。积雪深度一般有 50～75 厘米，最深可达 230 厘米。

东北和内蒙古地区，面积 140 万平方千米。积雪深度有 50～75 厘米，最深可达 100 厘米。

北疆和天山地区，面积 50 万平方千米。积雪深度达 50～75 厘米，部分山地在 75 厘米以上。此外秦岭、贺兰山、六盘山、五台山、峨眉山等也有零星分布。

我国不稳定积雪区面积较大，达 480 万平方千米，南界位于北纬 4°～25°一带，大致在保山、昆明、柳州、连平、梅县、龙岩、福州一带。积年周期性不稳定积雪区主要包括辽河流域至秦岭、大别山之间广大地区。非年周期性不稳定积雪区包括秦岭、大别山以南积雪区，以及塔里木盆地和柴达木盆地。

积雪雪灾

根据我国大地上积雪及其雪害的有无，将我国分为两个大区（一级区）。大致以北纬 25° 线为界，以南称"中国南部无积雪—雪害分布区"，以北称"中国北部积雪—雪害分布区"。我国无积雪—雪害分布区主要是福建、广东、广西、云南四省的南部和台湾省以及南海诸岛。根据天气系统的主要差异，纬度和海陆分布的地理位置差异，地势与积雪性质和雪害主要特征差异及人类活动对积雪作用，将"中国北部积雪—雪害分布区"分为三个"积雪—雪害地区"（二级区）：东部季风—风吹雪危害地区，西风带—雪崩危害地区，青藏高寒—雪崩与风吹雪危害地区。

牧区雪灾

牧区雪灾又分为雪灾常发区、雪灾偶发区和雪灾不发区。雪灾的常发区主要分布在内蒙古以西的大兴安岭以西、阴山以北的广大牧区、青海省青南地区以及祁连山牧区、北疆部分山区、西藏高原的中北部及西部牧区、川西高原牧区；雪灾的偶发区主要分布在西藏南部边缘地区、青海湖及海西东部地区、内蒙古的阴山以南及巴彦淖尔盟一带、宁夏六盘山区、甘肃的陇中西北部、甘南高原、新疆的南疆部分山区、四川的川西高原牧区部分地方及云南西北部牧区少部分地方。在国内牧区的其余地方，由于降雪期间降雪量少，或者降雪量虽多但温度则较高的广大牧区，一般不易形成稳定而深厚的积雪。半农半牧区由于补饲条件好，所以也不容易形成雪灾。

风吹雪

　　风吹雪又分为发生区、多发区和高频区。发生区主要集中在中国的北方地区，包括东北、内蒙古、新疆北部、青海、甘肃、宁夏以及陕西、山西、山东、河南和河北；多发区主要分布在内蒙古、黑龙江、新疆、青海和甘肃的部分地区；高频区主要分布在内蒙古的中部、甘肃的天祝乌鞘岭和黑龙江通河。

牧区雪灾的规律

　　根据调查材料分析，我国草原牧区大雪灾大致有十年一遇的规律。至于一般性的雪灾，其出现次数就更为频繁了。据统计，西藏牧区 2～3 年一次，青海牧区也大致如此。新疆牧区，因各地气候、地理差异较大，雪灾出现频率差别也大，阿尔泰山区、准噶尔西部山区、北疆沿天山一带和南疆西部山区的冬牧场和春秋牧场，雪灾频率达 50%～70%，即在10 年内有 5～7 年出现雪灾。其他地区在 30% 以下。雪灾高发区，也往往是雪灾严重区，如阿勒泰和富蕴两地区，雪灾频率高达70%，重雪灾高达 50%。反之，雪灾频率低的地区往往是雪灾较轻的地区，如温泉地区雪灾出现频率仅为 5%，且属轻度雪灾。但不管哪个牧区，大雪灾都很少有连年发生的现象。

　　雪灾发生的时段，冬雪一般始于 10 月，春雪一般终于 4 月。危害较重的，一般是秋末冬初大雪形成的所谓"坐冬雪"。随后又不断有降雪过程，使草原积雪越来越厚，以致危害牲畜的积雪持续整个冬天。

　　雪灾发生的地区与降水分布有密切关系。如内蒙古牧区，雪灾主要发生在内蒙古中部的巴盟、乌盟、锡林郭勒盟及昭盟和哲盟的北部一带，发生频率在

30%以上，其中以阴山地区雪灾最重最频繁；西部因冬季异常干燥，几乎没有雪灾发生。新疆牧区，雪灾主要集中在北疆准噶尔盆地四周降水多的山区牧场；南疆除西部山区外，其余地区雪灾很少发生。青海牧区，雪灾也主要集中在南部的海南、果洛、玉树、黄南、海西5个冬季降水较多的州。西藏牧区，雪灾主要集中在藏北唐古拉山附近的那曲地区和藏南日喀则地区。前者常与青海南部雪灾连在一起。

暴风雪的形成和特点

产生暴风雪的条件

1. 气团

在冬季，北美受到三种气团的影响。极地气团覆盖了加拿大部分地区，此气团有着干燥、异常寒冷的特征，从极地高压区向南流动着干燥的空气。来自大西洋向西流动的温暖、潮湿气团覆盖了墨西哥湾、加勒比海、美国东南部。而太平洋气团则影响着这两个气团之间的区域、美国中部地带、西部沿海地区。

2. 气压

格陵兰岛东部是低压地段，北极、美国中部、南加勒比海和加利福尼亚海区则是高压地段。在冬季，位于北美洲偏南地带的太平洋和加勒比海高压区与夏季产生的影响相比，相差甚远。冬季，在太平洋大气层，不同类型的气团相互交叉混合，会产生越过大陆向东移动的锋系。

3. 风力

离开卡罗来纳海岸的低压区，给北美东部带来雪暴的天气系统常常就从这里开始发展，其程度在发展过程中不断加强，随着旋转的风力加大，之后朝着北面移动，影响哈特勒斯角到加拿大新斯科舍省的沿海地带。风的流动方向受科里奥利效应的影响，为逆时针方向。风吹过大洋的时候，水蒸气被吸收了，随着东北风往东海岸刮去。这些风在低压向北移动时引发洪水，侵蚀海岸，它们到达新英格兰的时候就会产生雪和雪暴。

暴风雪特点

暴雪是指 24 小时降雪量超过 10 毫米的降雪，伴随暴雪而来的往往还有大风、寒潮等恶劣天气。学术专业上讲，暴风雪是对 -5℃ 以下大降水量天气的统称，且伴有强烈的冷空气气流。在冬天，当云中的温度变得很低时，云中的小水滴结冻。当这些结冻的小水滴撞到其他的小水滴时，这些小水滴就变成了雪，当它们变成雪之后，它们会继续与其他小水滴或雪相撞。当这些雪变得太大时，它们就会往下落。大多数雪是无害的，但当风速达到 4 米/时（约 15.6 米/秒），温度降到 -5℃ 以下，并有大量的雪时，暴风雪便形成了。

我国的中高纬度地区地域广阔，冬季漫长，一旦出现暴雪，并可能伴有强寒潮、大风天气，对工农业生产、畜牧业、交通运输和人民生活影响较大。因此，暴雪预报是中高纬气象台站灾害性天气预报中的一项重要内容，对于暴雪的研究也是气象工作者面临的重要问题。

影响我国的冷空气主要有几大特点：一种是冷空气团是从极地方向过来，比如蒙古国、贝加尔湖方向，冷空气强度比较强，主要是以大风、降温过程为主，不会出现大范围的降水；一种是冷空气团从西伯利亚方向过来，即西北路冷空气，它也是一种大风降温的天气，但强度没有从北路过来的强度强，降水也相对比较少一些；还有一种就是从西路过来的，比如从冰岛过来，经过欧洲地中海这个方向自西向东过来的冷空气，特点就是大范围的降雪过程。导致我国大范围降雪天气的冷空气主要从西路移过来，再加上东路即贝加尔湖以东的冷空气，两股冷空气合并，与黄淮、江淮、江南北部一带，特别是黄淮一带的暖湿气流结合，很容易出现大的暴雪天气。总之，有充足的水汽和暖湿气流，以及比较明显的冷空气，两者相互结合就很容易使一些地方出现大到暴雪天气。

在冬季，当有强冷空气暴发南下时，由于渤海湿暖水面以及山东半岛地形共同作用，常会形成蓬莱以东沿半岛北岸的降雪带，被称之为冷流降雪。它经常会在局部地区形成水平尺度为几十千米的暴雪。这是造成冬季山东半岛气象灾害的主要天气事件，经常给交通运输，工农业生产以及人民生活带来重大影响和损失。如 2005 年 12 月 3 — 22 日的降雪过程，在烟台、威海出现多次暴雪并造成重大灾情，被列为当年国内十大气象灾害之一。山东半岛冷流降雪是冷空气高空槽移出半岛之后，由 700 百帕上出现的东北冷涡或强北支槽使之不断有西北冷空气南下，流经暖湿的渤海海面，使渤海中南部的大片海域上的低层大气出现浅对流不稳定，在适宜的背景风场及垂直切变情况下，在海面上形成云街和在其下游发展成为对流胞族，它对海面静力不稳定能及热能释放起到了激发和组织作用。

暴风雪是伴随着强风寒潮出现的暴雪天气，发生的机会并不太多，而且它总是伴随着寒潮灾害和大风灾害出现。所以人们常把暴风雪或者作为寒潮天气来研究，或者作为大风天气来研究，或者作为暴雪天气来研究。也就是说，通常只研究了这种天气的一两个侧面，而缺乏全面的针对性的研究。然而，正是由于在暴风雪天气中的风、雪、寒潮三种灾害同时肆虐，才使暴风雪天气所形成的危害特别严重。暴风雪天气的主要特点是雪大、风猛、降温强、灾害重。暴风雪发生时，狂风裹挟着暴雪，呼呼作响，能见度极低，同时气温陡降。其天气的猛烈程度远远超过通常的大风寒潮和大雪寒潮，一般其风力≥8 级，降雪量≥8 毫米，降温≥10℃。

由于降暴雪时空气的湿度已接近饱和，湿空气较大的比热容进一步加大了风寒天人畜的热损耗率，而且融化和蒸发落在地上的冰雪也要消耗大量的热量。因此，风雪天气下人的体感温度比单纯风寒天气还要进一步降低。设湿空气比干空气增加比热容 1/5，则由上面讨论可知，当环境大气温度为-5℃时，暴风雪中人体感受到的寒冷程度已达-35℃以下，在这种寒冷程度下，若事前没有御寒准备，人畜很快都会被冻伤、冻毙。特别是春天，在人们刚刚脱去冬装，家畜开始换脱绒的时候，突然而至的暴风雪常常会给畜群造成毁灭性的灾难。

虽然严重的暴风雪天气常会在短时间内给野外放牧的畜群带来灭顶之灾，但实践表明，只要能提前数小时得知暴风雪的到来，并采取一些适当的防御措施，就可以大大减少损失。所以，准确的暴风雪预报对防灾减灾具有重大意义。研究表明，狂风、暴雪、强降温联合肆虐，加重了冻害程度，这是暴风雪灾重的主要原因。需要在现有的风寒指数和风寒相当温度公式中，加入湿度对热损耗的影响，才能反映出风雪天气之下真实的严寒程度。

我国中高纬暴雪出现次数较多的在东北地区和新疆维吾尔自治区，暴雪出现的次数分布在空间上不与纬度成正比，即并非越往北越冷的地区出现越多。

新疆雪暴主要出现在除准噶尔盆地之外的北疆地区及南疆的帕米尔高原上，盆地、平原地区几乎没有雪暴发生。出现最多的是吉木乃，其次是木垒和阿拉山口。新疆雪暴集中出现在 1960 年、1971 年、1972 年、1976 年、1977 年、1979 年、1981 年，1984 年后在波动中逐年减少；雪暴集中出现在 10 月到来年的 4 月，在 11 月、1 月或 4 月最多。新疆全天都可能有雪暴发生，雪暴出现的时段相对集中在午后，夜晚发生较少。

内蒙古暴风雪天气的产生，通常与北方冷空气快速南下及蒙古气旋的猛烈发展有关。一般在高空具有强西北急流锋区、强冷平流，而低层水汽又较丰沛的条件下，才易产生暴风雪天气。从引起内蒙古暴风雪天气的环流特征来看，若以欧亚区域环流特点为主分类，大体可分为四类。其中，西伯利亚脊前不稳定小槽发展类主要出现在春季，数量最多；乌拉尔山阻高崩溃类可发生在整个冬半年的任何时段，数量次多；阶梯槽类主要出现在深秋到初半冬，数量次少。

从理论上说，在内蒙古的降雪期以内的任何时段都可能发生暴风雪天气。然而，这种狂风、暴雪、强降温三种灾害同时发生的剧烈天气，在隆冬时节发生的概率却极小。实际观测资料表明，内蒙古72%的暴风雪天气出现在春季的4—5月份，真正在10月到次年3月期间出现的暴风雪天气还不到总数的30%。内蒙古地区并不是每年都会有暴风雪发生，有风无雪和有雪少风都形成不了暴风雪。在过去50年中，有32年内蒙古并未出现暴风雪，这表明，暴风雪这种剧烈天气，只能在少数特定的环流条件下发生。

风吹雪的形成

　　风速受障碍物以及紊乱空气的影响，速度会减慢，当风在城市间穿越时，风力越大，自身速度下降的幅度就会越大。雪的降落也会受到这种风速降低的影响。比如，当风将雪直接吹向建筑物时，在建筑物的墙壁上就会黏附上一部分雪，不过，这种情况并不是主要的影响。假如雪是被风直接贴到墙上的，那么，可能就会有相当平整的厚雪层形成于墙的表面，然后，在重力作用，墙壁上的雪就会下落，渐渐地，沿墙滑落之后形成一个斜坡。当然，我们说的只是一个理论设想，并不是发生的事实。雪堆积在墙脚并不是因为它们沿着建筑侧面降落，而是因为墙脚是雪首先着落的地方。

　　一条快速流动的河流携带着许多物质，如沙子、淤泥和小块的石子，河水在经历一阵大雨后，会携带大量的泥土，变得混浊不清。而当河流速度减慢以

后，能量降低，它就再也不能带走那些较重的物质，如石头等就会沉入河底。在流淌的过程中，越来越多的物质会随着河流能量的不断降低而沉积下来，最先沉到底部的固然就是那些最重的物质。与其类似的是，风在行进的过程中，会因为空气摩擦、障碍物等因素，使自身的能量不断地减少，它就像河流一样，自身的能量决定了那些能够被携带起来的任何物体的量，当风在吹动时，它携带的物质也会随着能量的失去而降落下来。

我们都知道，载雪的风在撞到了建筑物表面的时候，因为转向，能量会丧失一部分。因此，风所携带的一部分雪会在建筑物底下降落。载雪的风失去能量的地方，就有飘雪形成，这就是雪老是堆积在房子的一侧的原因。

在墙壁和吹雪之间，一般还有一条窄缝，那里的雪很薄。当载雪的风与墙壁撞击时，风就会以一种曲线状的行进路径转向，顺着墙壁表面向下行进，假如墙不高，一些风会越过墙的上部从背风的一面旋转而下，然后它又与墙壁分离开来，在与墙壁有一定距离的地方，就会有大部分的雪降落下来，而在墙脚近处，即墙壁与吹雪之间的那条窄缝处，就会降落相对较薄的雪。

雪会阻隔道路，致使交通不畅。下凹的道路被雪覆盖的可能性极大，而且大部分时间都可能被雪覆盖。当春天解冻时，地面上无所遮蔽的积雪相继融化，而飘雪则可以坚持好几个星期，融化时间远远比地面积雪长。在道路的表面高度与两边的地面高度一样的地方，能量减弱的载雪旋风将更多的雪堆积在道路上，飘雪也会在顺风的一面形成，但在其他地方则不会出现这些情况。如果遇到大的吹雪，本来比两边陆地要高的道路就会被其覆盖掉，造成道路消失的假象，因此，针对雪可能覆盖道路的后果，帮助扫雪车司机和旅行者认出道路的路线，一些地方

就专门在路旁设较高的柱子来作为道路路线的标志。

在狂风的驱动下，暴风雪可以造成很深的积雪。但这不是狂风独有的"本领"，轻风也可以做到这一点。风开始时伴随的能量越小，能量就越容易减弱。在没有风的空气中，雪会垂直降落，裸露的地表会覆盖上等量的雪。在一些条件下，飘雪仍会形成，不过这很少见。一般情况下是：存在一定的气流运动，雪呈一定的角度垂直降落。当雪遇到障碍物，轻风并没有减少多少能量，雪就会堆积。

风吹雪的堆积类型

背风堆积：风吹雪从山坡上吹下来，进入上边坡的坡顶后，由于气流急剧扩散，产生涡旋减速，雪粒便沉积在边坡上，并常以雪檐或雪包的形式向前推进。

迎风堆积：风吹雪从山坡下吹上来，进入路基台后，由于气流急剧扩散，产生涡旋减速，雪粒便沉积在迎风一侧的路肩上。

绕流堆积：当公路绕山丘转弯时，风吹雪沿公路运行，在内侧产生水平涡旋，风速减弱，使雪粒堆积。弯道半径越小，风速减弱越快，积雪越严重。

辐散堆积：风吹雪从山谷进入开阔平地时，由于辐散减速，雪粒也会沉积下来。

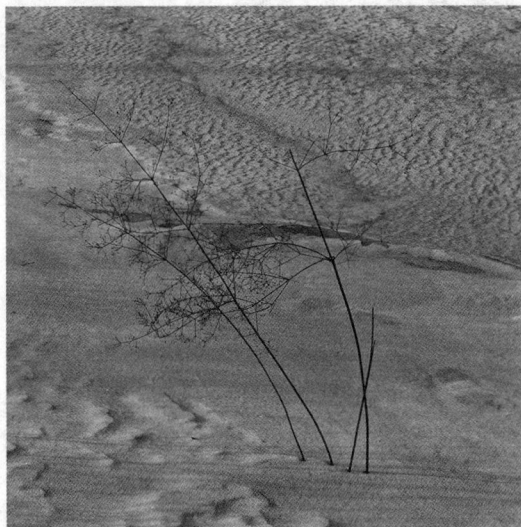

屏障堆积：风吹雪遇到路堤、山丘等屏障物时，在屏障物前后一定范围内均会出现减速区，而在前后坡脚减速至最低值。在减速区内，当风速降低至启动风速以下时，便会产生程度不同的积雪，而以前后坡脚处最重。

在一定的地区内，由于冬季的主导风向比较稳定，因此，风吹雪总是沿着主导风向在固定的路段上堆积。每年由于风力、降雪的大小不同，风吹雪虽有轻重程度的不同，但形成风吹雪的路段及其堆积类型，则基本上是不变的。

风吹雪的危害

风吹雪雪害是我国北方公路上频发的雪害之一。每年由于受气候的影响，在我国新疆、内蒙古、吉林和黑龙江等省、自治区，都有强大的风吹雪出现，致使公路严重积雪，能见度极低，造成交通中断，车辆被埋，冻死、冻伤过往人员的现象时有发生，给公路交通安全带来较大的影响。而且公路风吹雪雪阻几乎年年发生，一旦发生雪阻，就会对该地区人民的正常生活和工农业生产带来严重的影响。为了抢险保通，每年政府交通部门都要花费大量的人力、物力、财力，风吹雪灾害已是长期困扰公路运输的一个难题。

风吹雪的危害归结起来有视线障碍和背风积雪障碍两种危害，无论哪一种都会引发交通事故或者使公路交通中断。这两种危害给风吹雪地区冬季交通安全的保障带来了许多困难。

1. 视线障碍危害

能见度是指视觉能够识别物体的最大距离。风吹雪发生时不仅能见度变低，视距变短，还能在较短的时间内使视距发生急剧下降，易造成驾驶人员判断失误，对车辆的运行来说非常危险。能见度变低不仅对运行车辆影响很大，而且对性能优越、能高速运行的除雪机械同样堵塞很大，并使运转操作效率降低。视距对运行车辆来说非常重要，当汽车的制动距离比当时的视距长，那么发生交通事故的概率就非常高，危险性极大。

在冰雪道路上，滑动摩擦系数小，车辆速度达到 40 千米/时，停车距离为 45 米；速度 60 千米/时，停车距离需要达到 80 米。可见当行驶速度达到 40 千米/时，视距 45 米对于司机来说很难控制刹车，所以极易造成交通事故，这是非常危险的。另外，由于风吹雪使视距剧烈变化，视距可从 100 米以上的状态，在数秒间变成了无视距的白色世界。因视距急剧变化而产生的交通事故的概率加大，可使多辆汽车发生连续碰撞。因此，视距对公路交通安全的影响很大。

2. 背风积雪危害

资料表明，当地面积雪的厚度为 10 厘米时，因路基轮廓不清，车辆应慢速行驶；当积雪厚度为 20 厘米时，车辆的行驶困难，但勉强可以行进；当积雪厚度达到 30 厘米时，一般车辆均不能行驶。而风吹雪所形成的背风积雪，其厚度远远超过 30 厘米，有时其至达到数米厚，造成交通完全阻断。

风力搬运雪的输雪量和风速的 n 次方（$n=2\sim7$）成比例关系，当风速变小时，飞雪中的一部分将停止移动变成背风积雪。背风积雪主要发生在风吹雪变化、风速突然减弱的地方，例如在构造物的周围、地形不连续的部位、挖方路段和除雪时在路侧产生的雪堤等部位，都容易造成背风积雪。规模大的背风积雪可使交通中断，规模小的则形成雪垄，易使驾驶员在通过的时候，因把握不稳方向而导致事故，使交通受到阻碍。中断交通后被埋的车辆的发动机在积雪中仍然在工作，易造成一氧化碳中毒。

雪崩的发生与危害

雪崩产生原因

雪崩是积雪雪山常见的一种现象，雪崩的发生地为山地。主要原因是雪山上的积雪堆积过厚，且过厚的积雪超过了山坡面的摩擦阻力，这样就会引起大量的积雪发生运动，从而产生雪崩。另外，也有一些雪崩是在特大雪暴中产生的，这种雪崩并不常见。

雪山上的积雪其实并不是一个整体，在积雪的下面还存在着一个软层。这一层主要是六角形杯状的冰晶体，和人们在日常生活中见到的冰碴非常相似，人们也称其为雪堆底层的白霜。

这种白霜主要形成的原因就是雪粒蒸发，它们比上部的积雪要松散得多，存在于地面或积雪的下部，使上下层积雪之间因此而被隔开，当上部积雪开始顺山坡向下滑动时，这个隔离带也就起着助推的作用，不仅加速雪下滑的速度，而且还带动周围没有滑动的积雪。

在很多人的眼中，雪山上的积雪都是静止不动的，这只是人们的错觉，其实积雪在雪山上一直都在不断地运动着。雪山上存在着大量的积雪，人类生活的地球上又有其固有的重力，这种重力会将雪向下拉，而积雪的内聚力却希望能把雪留在原地。

积雪的内聚力与厚度有关，持续不断的降雪使山坡上的积雪达到一定厚度时，就容易发生雪崩。春天气温升高时，积雪表面消融，融水渗到雪层内部，就能降低积雪的内聚力、内摩擦力和抗断强度，特别是融水渗漏到积雪底部时，

雪水就像滑润剂一样，使雪层更容易滑动。

当这两种力的较量达到高潮时，若给雪山施加一点外力，比如动物的奔跑、滚落的石块、刮风、轻微震动等，只要压力超过了将雪粒凝结成团的内聚力，就足以引发一场灾难性雪崩。

在风力比较充沛的山区，风也能使积雪发生雪崩。在山脊背风的地方，风能够将积雪吹成悬空。就像我们房子的屋檐，人们将其称为雪檐。一旦雪檐的自身重量超过抗断强度，便自行崩塌，从而引起山坡上方雪的塌落。

除了上面的一些自然原因以外，人类活动也在很大程度影响着雪崩的发生。现在已经有专家对发生的雪崩进行研究，他们认为很多雪崩都是由受害者或者他们的队友造成的，这种雪崩也被称为"人为休闲雪崩"。在人类进行滑雪、徒步旅行或其他冬季运动时，在不经意间就可能酿造一场灾难。

另外，砍伐森林也能造成山坡积雪的稳定性减弱。森林和灌木，客观上起着阻止积雪下滑的作用，雪崩地区的森林被砍伐也是引起雪崩的原因之一，因此应该严禁砍伐雪崩地区的林木。在雪崩频繁的瑞士阿尔卑斯山区，地方法律上就明文规定严禁砍伐雪崩地区的树木。

雪崩发生的规律

多数的雪崩都发生在冬天或者春天降雪非常大的时候，尤其是暴风雪爆发前后。这时的雪非常松软，黏合力比较小，一旦一小块被破坏，剩下的部分就会像一盘散沙或是多米诺骨牌一样，产生连锁反应而飞速下滑。春季，由于解冻期长，气温升高，积雪表面融化，雪水就会一滴滴地渗透到雪层深处，让原本结实的雪变得松散起来，大大降低积雪之间的内聚力和抗断强度，使雪层之间很容易产生滑动。雪崩的严重性取决于雪的体积、温度、山坡走向，尤其重要的是坡度。最可怕的雪崩往往产生于倾斜度为 25°～50° 的山坡。如果山势过于陡峭，就不会形成足够厚的积雪，而斜度过小的山坡也不太可能产生雪崩。

雪崩是可重复发生的现象，也就是说，如果在某地发生了雪崩，完全有可能不久后又卷土重来。有可能每下一场雪、每一年或是每个世纪都在同一地点发生雪崩，这一切都取决于山坡的地形特点和某些气候因素。天山中部冬季积雪和雪崩经常阻断山区公路，而念青唐古拉山和横断山山地经常发生的雪崩是供给现代冰川发育的重要来源之一。在这种地区选择合适的登山时间就比较苛刻。在我国西部靠近内陆的昆仑山、唐古拉山、祁连山等山地，降水量比较少，没有明显的旱季、雨季之分，雪崩可能也就比较少，选择合适的登山时间也就比较宽裕。另外，内陆山地相对高度较低，一般都在 1000～1500 米，故山地的坡度也比较缓和。而喜马拉雅山、喀喇昆仑山相对高度在 3000～4000 米，甚至达 5000～6000 米，故山地坡度较陡，发生雪崩的可能性和雪崩的势能也就更大。

雪崩的发生还有空间和时间上的规律。就中国高山而言，西南边界上的高山如喜马拉雅山、念青唐古拉山以及横断山山地，因主要受印度洋季风控制，除雨季（5—10 月）和旱季（11 月至翌年 4 月）之外，全年降水都比较丰富，高山上部得到的冬、春降雪和积雪也比较多，故易发生雪崩。此外，天山山地、阿尔泰山山地，因受北冰洋极地气团的影响，冬、春降水也比较多，所以这个季节雪崩也比较多。

　　一般来讲，山高谷深、坡陡风大、降水较丰富的地方容易发生雪崩，如喜马拉雅山作为世界最高峻的山脉，包括诸多高峰如珠穆朗玛峰、希夏邦马峰、卓奥友峰、西端的南迦帕尔巴特峰、东端的南迦巴瓦峰等，它们皆属地形陡峭、积雪丰富、冰川发育地带。尤其是南侧濒临印度洋，受海洋性季风气候的影响，冰雪积累丰富。雪崩频繁是冰川赖以发育的主要补给方式，也是主要山地灾害，对登山活动形成最大危险的来源。从大的方面说，雪崩可归纳为自然原因和人为原因两种。自然雪崩主要由大风、暴风雪或暴风雨、大雨、大雪、暴晒、严寒、霜冻、地震等引起。人为原因是由于登山者缺乏经验，误入雪崩区，甚至由于人们在高山上大声呼叫等声浪震动破坏了积雪环境的平衡而导致突发雪崩；登山者修路横切雪层剖面更容易引起上方积雪的不稳定；等等。按雪崩运动的方式又分点雪崩和面雪崩。从雪崩的本身类型又可分干雪雪崩和湿雪雪崩等。根据经验，雪崩一般多发生在坡度为25°以上的雪坡，时间多发生在下午和晚间，阴雨和降雪天气，尤其是雾天、大风天、暴风雨这种恶劣天气下最容易发生雪崩。

雪崩的灾害

雪崩有着极为强大的破坏力，这主要和它的速度有着很大的关系，因为高速运动的物体往往会产生很强大的冲击力。就拿一颗子弹来说，如果你用手拿着它碰到人体时，对人体当然不会产生危险，而如果把它从枪筒里高速飞射出来，就能够将人置于死地。

即使是人类最优秀的短跑世界冠军，也只能达到每秒钟 11 米的速度。猎豹是动物界里的短跑冠军，当它在追捕猎物的时候，它那闪电般的速度，也只不过每秒钟 30.5 米。强大的 12 级台风，速度也只是每秒钟 32.5 米。然而这一切与雪崩比起来，都微不足道。雪崩能够达到惊人的速度——每秒钟 97 米。1970 年，秘鲁发生的大雪崩，在不到 3 分钟时间里积雪倾泻了 14.5 千米。换言之，也就是每秒钟可达约 90 米。

此外，雪崩有着极为强大的冲击力量。一个运动速度较大的雪崩，可以让每平方米物体表面承受 40～50 吨的力。在这个世界上，还没有哪种物体可以承受得住如此巨大的冲击力。即使是硕大无比的森林，一旦遇到高速运动的大雪崩，就如同理发推子推过我们的头顶一样，一扫而光。

雪崩造成灾害，还有另外一个原因——引起的气浪。当雪崩体在高速运动的时候，就会引起空气的剧烈振荡，在雪崩龙头前方产生强大的气浪。这种气浪的冲击力与原子弹爆炸时的冲击波很接近，力量之大不可估量。1970 年，秘鲁的大雪崩而引发的气浪把地面上的岩石碎屑卷扬起来，竟奇迹般地使附近地区下了一场稀奇的"石雨"。

除此之外，雪崩气浪的影响范围要比雪崩体大得多。因为在陡岩或者河谷急转弯的地方，雪崩体因为受到阻滞就会停留下来。而雪崩气浪却难以停止，它会继续沿着雪崩运动的方向爬山越岭，摧毁大量的森林、房屋和其他工程设施。当它越过交通线路的时候，还会使车辆倾覆。如果人遇到它，定会难逃一劫——不被刮走，也要窒息而亡。

雪崩如同战争一样给人类带来巨大的灾难。而且它们之间好像有不解之缘。

在历史上，有很多战争都与雪崩有着很大的关系。

古代，非洲北部曾经有一个迦太基帝国，是一个非常著名的军事强国。后来，迦太基与地中海北岸的罗马帝国发生了多次战争。公元前 218 年，迦太基名将汉尼拔奉命远征罗马帝国，他统率步兵 38 000 人、骑兵 8000 人和大象 37 头，绕道西班牙和法国，在 10 月底翻越积雪的阿尔卑斯山。然而不幸的是，阿尔卑斯山发生了雪崩，汉尼拔不了解积雪和雪崩的危害，致使其部队损失惨重，共有 18 000 名士兵遇难，2000 匹战马丧生，还有好几头非洲大象也被雪崩埋葬。

近代的时候，法国皇帝拿破仑准备攻打意大利，由于得穿越白雪皑皑的阿尔卑斯山，拿破仑只好另寻办法。首先他派了探子到山上去侦察，这与汉尼拔比起来，显然要高明得多。当探子回来的时候，便战战兢兢地对他说："也许可能通过，但是……"拿破仑毫不犹豫地对探子说："只要可能，便没有但是，马上向意大利进发！" 1796 年，拿破仑亲自率领 4 万军队，排成 30 千米的长蛇队形，浩浩荡荡地从西北向东南横跨盖满积雪的阿尔卑斯山。尽管拿破仑事先做了充分的准备，可还是难逃阿尔卑斯山的雪崩，被掩埋的兵士达 1000 人以上。

第一次世界大战期间，阿尔卑斯山的特罗尔地区，意大利和奥地利打仗，双方损失惨重，葬身于雪崩的人数不少于 4 万。他们的作战方式是故意用大炮轰击积雪的山坡，制造人工雪崩来消灭敌人。有一位奥地利军官在回忆录里感叹地说："冬天的阿尔卑斯山，是比意大利军队更危险的敌人。"

容易发生雪崩的地方

通常情况下，25°~26°的雪坡都存在雪崩的危险，而30°~45°雪坡是最危险的地方，容易发生大雪崩。此外，向阳的雪坡由于易于融雪，容易发生雪崩；光滑、无植被或少植被，还有岩山表面的山坡也容易发生雪崩。北山坡的雪容易在冬季中期雪崩，南山坡的雪容易在春季或阳光强的时候雪崩。新雪后次日若天晴，上午9~10点最易发生雪崩。

一般雪崩都是从山顶或山体高处爆发，并以极快的速度形成强大的力量，携带大量的树木碎石向山下冲去，一直奔腾到开阔的平原，将其下冲之势缓冲殆尽才能停止。雪花看似没有重量，但是形成的"白色恐怖"却能达数百万吨之重。雪崩所形成的巨大破坏力，不只表现在雪崩的重量上，还在于雪崩形成的气浪，这种气浪的冲击甚至比雪崩本身的重压更加可怕，它能推倒房屋，折断树木，使人窒息而死。

雪崩的破坏力是惊人的，往往给人造成致命的危险，所以在雪地活动的人特别要注意以下几点：

大雪刚过或连续下几场雪后是最危险的，这是雪崩最易出现的时候。这时候，一定要远离山区，不要上山。因为在这时，新下的雪或上层的积雪很不牢固，稍有扰动，甚至一声叫喊都足以引发雪崩。

天气变化不定，时冷时暖，还有天气转晴或天暖开始融雪时，积雪变得松散不稳固，很容易发生雪崩。

陡坡上非常危险。因为雪崩一般都是由上而下运动，在20°的斜坡上，也有发生雪崩的可能。

如果必须穿越斜坡地带，千万不要单独行动，更不要堆在一起行动，应该隔开一段可观察的安全距离，一个接一个地走。

时刻关注雪崩的先兆，比如听冰雪破裂的声音或低沉的轰鸣声，仰望山上见有云状的灰白尘埃，这是因为雪球下滚所引起的。

雪崩的行进路线，可依据峭壁、比较光滑的地带或极少有树的山坡的断层等地形特征辨认出来，在上山或在山区活动时，要尽量远离这些地方。

冰雪洪水的特点与分布

　　冰雪洪水是指由冰川融水和积雪融水为主要补给来源所形成的洪水，以冰川融水为主要来源的称冰川洪水，以积雪融水为主要来源的称融雪洪水。高寒山山区河流一般由冰川融水、积雪融水、雨水和地下水四种补给，称混合补给河流。单纯由冰川融水补给或单纯由积雪融水补给的河流很少见。冰雪洪水是季节性洪水，春夏当气温回升到0℃以上，冰与雪融化成为液态水。太阳辐射越强，冰川面积和前期积雪厚度越大，则融化强度越大。由冰川和积雪融化的水一部分形成地表径流直接补给河流，一部分通过下渗，以浅层地下水的形式补给河流，形成春、夏季洪水。

　　冰川洪水可以分为两种：一种是由于冰川正常的融化，一年一度形成的季节性洪水，一般出现在7—8月份；另一种是突发性冰川洪水。正常的冰川洪水的洪峰、洪量及洪水形态在相同的地质地貌条件下，主要取决于冰川消融区面积。洪水过程线无明显暴涨暴落，而是缓慢连续上升，呈肥胖单峰型或双峰型。冰川洪水流量与气温变化具有明显同步关系，流量与降水变化是异步关系。因此，每当遇到降水天气，日照减少，温度降低，河流水量就明显减少；在无降水天气，高温持续时间长，河流水量就显著增大，这与暴雨洪水完全不同。叶尔羌河夏季融水洪水的日变化规律较强，汛期初期，每日

最大洪峰发生在4时左右，为单峰，主要为低山区融水径流补给，大约持续15天；随着气温的持续攀升，高山融水迅速增加，这时每日的过程出现双峰，即4时前后和16时以后两个时段；在汛期中期，16时洪峰高于4时洪峰，后逐渐过渡为单峰。

突发性冰川洪水是冰川洪水的特例，这种冰川洪水的特点是突然暴发，历时短暂，洪峰指数呈猛涨猛落。它是冰湖溃决时的突发性快速排泄洪水。冰湖是由于冰川前进，堵塞沟谷而形成的，在温冰川中，冰内和冰下空穴中蓄水，形成冰内湖，也可溃决发生洪水。冰川跃动、冰体崩落、雪崩和地震等都有可能使冰坝溃决，这种洪水一般发生在夏末或秋季，也有的发生在冬季，无一定周期，一年一次或几年一次。

融雪洪水发生的时间比冰川洪水早，一般在4—6月，融雪洪水洪峰流量出现在5—6月。处在同纬度附近的河流，平原融雪洪水发生时间较山区早。中国阿尔泰山山区河流的融雪洪水一般出现在4—5月，最迟至6月就结束。特大融雪洪水可导致洪灾，例如1948年加拿大不列颠哥伦比亚的费雷泽河，因冬季降雪量大，春夏高温持续时间长，形成了灾害性融雪洪水。

中国冰川洪水主要分布在天山中段北坡的玛纳斯河流域地区及西段南坡的木扎尔特河、台兰河、西昆仑山喀拉喀什河、喀喇昆仑山叶尔羌河、祁连山西部的昌马河、党河和喜马拉雅山北坡雅鲁藏布江部分支流。融雪洪水主要分布在新疆阿尔泰山和东北一些河流，俄罗斯高加索、中亚、欧洲阿尔卑斯山、北美西海岸山脉等也有冰雪洪水。

暴雪与寒潮的关系

　　寒潮是指北方大范围的冷气团聚集到一定程度后，在适宜的高空大气环流作用下，大规模向南入侵形成的寒潮天气，冷空气所经之地的气温在 24 小时内可以猛降 10℃以上。一般情况下有寒潮侵袭，当地气温几乎都在 0℃以下，我国地域辽阔，各区域对于寒潮天气的标准略有差异。

　　通常情况下，寒潮和强冷空气会带来大风、降温天气。在我国，这种天气状况是冬半年主要的灾害性天气。对沿海地区而言，寒潮大风会构成很大的威胁。例如 1969 年 4 月 21—25 日的寒潮，强风袭击渤海、黄海以及河北、山东、河南等省，陆地风力高达 7 ~ 8 级，海上风力高达 8 ~ 10 级。由于正是天文大潮时期，寒潮造成了渤海湾、莱州湾几十年来罕见的风暴潮。在山东北部沿海一带，海水上涨了 3 米以上，冲毁 50 多千米的海堤，海水倒灌 30 ~ 40 千米。

　　由此可见，并不是所有的寒潮都会带来暴雪天气。

　　寒潮会带来雨雪和冰冻天气。这类天气，对交通运输有着很大的危害。例如 1987 年 11 月下旬的一次寒潮侵袭，使哈尔滨、沈阳、北京、乌鲁木齐等铁

路局所管辖的众多车站道岔冻结，铁轨被雪埋住，通信信号失灵，列车运行受阻。雨雪过后，道路结冰打滑，交通事故发生次数明显上升。不仅如此，寒潮袭来也会对人体健康产生很大的危害，在这样的天气下，容易患感冒、气管炎、冠心病、肺心病、中风、哮喘、心肌梗死、心绞痛、偏头痛等疾病，如治疗不及时还会加重病情。

寒潮天气不仅带来强降温，同时还伴有大风和雨雪天气。寒潮暴发在不同的地域环境下具有不同的特点，如在西北沙漠和黄土高原，表现为大风少雪，极易引发沙尘、沙尘暴天气。在内蒙古草原则为大风、吹雪和低温天气。在华北、黄淮地区，则常常为风雪交加。在东北表现为更猛烈的大风、大雪。在江南常伴随着寒风、雨夹雪或大雪。

寒潮多出现在冬季或初春的季节，且强度和危害也有差异。当寒潮发生的时候，常常会出现大范围的大风、强降温和雨雪天气，给农牧业、交通、电力和建筑甚至人类的健康带来负面影响。

第二章
如何预报防范雪灾

雪灾监测、预警、风险评估

气象风险评估与防御规划

气象灾害风险指未来十年内可能达到的灾害程度及其发生的可能性。开展灾害风险调查、分析评估，了解特定地区、不同灾种的发生规律，了解各种气象灾害的致灾因子对自然、社会、经济和环境所造成的影响，以及影响的短期和长期变化方式，并在此基础上采取行动，降低气象灾害风险。减少气象灾害对社会经济和人民生命财产所造成的损失。气象灾害的风险评估包括灾情监测与识别、确定气象灾害分级和评定标准、建立灾害信息系统和评估模式、灾害风险评价与对策等。

灾种	蓝 BLUE	黄 YELLOW	橙 ORANGE	红 RED
台风	●	●	●	●
暴雨		●	●	●
高温			●	●
寒潮	●	●	●	
大雾		●	●	●
雷雨大风	●	●	●	●
大风	●	●	●	●
沙尘暴		●	●	●
冰雹			●	●
雪灾		●	●	●
道路结冰		●	●	●

气象灾害以防御为主，防、抗、减结合。为此，实行灾害防御工作的社会化，建立政府统一领导、部门依法监管、单位全面负责、公众积极参与的灾害防御格局。各级人民政府应当组织本级气象主管部门和其他有关部门编制辖区内气象灾害防御规划，采取有效措施，提高防御气象灾害的能力。有关组织和个人应当服从人民政府的指挥和安排，做好气象灾害防御工作。气象灾害防御规划具体

内容包括：气象灾害现状及发展趋势；灾害防御的原则和目标；灾害易发区域和重点防御区域；灾害防御工程措施规划；灾害防御非工程规划；气象环境影响分析；等等。

雪灾风险评估

面对雪灾，人类自己能够调控的活动有两方面：一是雪灾发生前的预防，二是雪灾发生后的救济。受技术、交通和通信的限制，雪灾的防御主要以灾后救灾为主，救灾措施的实施滞后所造成的损失较为惨重。随着科学的发展，依托高科技技术，在灾前对雪灾进行预警与风险评估成为雪灾防御的重要手段。雪灾评估和预警是防御自然灾害、实施抗灾救灾的一项基础性工作，决定是否对受灾地区实施救灾，以及在制定救灾方案过程中具有指导意义。

在遥感技术和地理信息系统、灾区背景数据库等支持下，建立适合我国国情的冰雪灾害评估模型库和专家系统，快速、准确地评定灾害危害程度及损失情况，及时向政府救灾指挥部和社会保险部门提供服务意义重大。

监　测

监测制度

县级以上人民政府及有关部门应当根据自然灾害、事故灾难和公共卫生事件的种类和特点，建立健全基础信息数据库，完善监测网络，划分监测区域，确定监测点，明确监测项目，提供必要的设备、设施，配备专职或者兼职人员，对可能发生的突发事件进行监测。

气象监测

各级气象主管机构所属的气象台站，应当按照国务院气象主管机构的规定，进行气象探测并向有关气象主管机构汇交气象探测资料。国务院有关部门和省、自治区、直辖市人民政府有关部门所属的气象台站及其他从事气象探测的组织和个人，应当按照国家有关规定向国务院气象主管机构或者省、自治区、直辖市气象主管机构汇交所获得的气象探测资料。

雪灾监测

各级气象主管机构按照世界气象组织（WMO）、中国气象局技术规范和国家行业标准，充分利用气象卫星、气象雷达、无人飞机探测、气象自动站网等现代探测技术，组织对雪灾等重大灾害性天气的跨地区、跨部门的联合监测、预报工作，对易灾地区暴雪与雪灾的发生频率与分布、年际变化、环流形势特征、主要影响系统、水汽场等气候学特征和冬季降水气候振动分析，及时提出气象灾害防御措施，并对雪灾作出评估，为本级人民政府组织防御气象灾害提供决策依据。

雪灾监测技术与风险评估模型

卫星遥感技术

卫星遥感利用雪的光谱特性和 AVHRR 的通道特性，可以确定积雪范围、反演积雪深度、统计积雪面积，是雪灾监测的重要手段，尤其是对山区、高原地区的监测。目前遥感技术与信息已广泛应用于暴雪天气的监测、水汽源分析、气候诊断与区划、积雪时面深实时监测及雪灾监测、预报、防灾综合系统研究上，并由定性分析发展到定量计算，成为防御和减轻雪灾工作中不可缺少的工具。

牧区雪灾监测评估技术模型

20 世纪 80 年代以来，有关牧区雪灾的研究成果已得到大量应用，开发的一些技术和模型可以互相借鉴。随着 3S 技术和气象预报技术在牧区雪灾监测中的广泛应用，在北欧、北美以及我国的青海、西藏、新疆和内蒙古地区，利用遥感建立了雪灾历史数据库、雪灾背景数据库和雪灾评价指标体系，进行了大范围积雪监测和牧区雪灾灾情判别与评估，建立了雪灾监测与评估系统和应急反应系统，并制作了冬季降水和雪灾等级的相关模式及多组判别短期气候预报模式。主要成果如下：

新疆、西藏、青海、内蒙古等省区经过几年努力，基本形成了以雪情、草情、畜情及前期气候滞后影响的诊断分析为基础，以短期气候预测、中期转折性天气预报、暴雪低温等灾害性天气短期预报、牧业气象技术为依据，进行综合分析的决策服务技术，可以重点提供饲草饲料生产与调度，雪灾的监测和预报，防灾准备程度与可能的重点灾区，所要采取的防灾抗灾必要措施和对已发生灾情调查评估等对策建议。

雪灾、寒潮低温等牧业灾害性关键性天气的短、中期预报和短期气候预测，气候诊断分析。

以增加牧业生产效益和防灾减灾能力为目的的系列化牧业生产气象服务，其中新疆、青海、西藏、内蒙古、宁夏银川地区和四川甘孜州等地已开展牧草产量预报。

因地制宜，大力推广牧业气象适用技术。例如青海、新疆等省（区）和四川甘孜州等配合草原规划建设，大力推广牧区草原气候资源利用，人工育草、引进优质牧草，采用暖棚养畜、牛羊育肥等技术。

逐步推广牧业单边带警报网、高频电话通讯网、气象电台建设，改善服务质量。

雪灾预警信号

发生强降雪时国家会及时发布一些预警信号，这些信号对人们有很好的警示作用，因此我们要时刻记住这些预警标志，对于在校的中小学生来说更要记好这些标志，这样可以更好地保护自己和家人。

雪灾预警信号分为三级，这三级分别用黄色、橙色、红色表示。黄色为三级防御状态，上面是橙色，为二级雪灾预警信号，最后是红色，表示一级紧急状态和危险情况。在听到国家发出这些雪灾预警信号后，要做好相应的防范措施，以减少因降雪带来的危害。

雪灾黄色预警信号

当发布雪灾黄色预警信号时就表示在 12 小时内可能会出现对交通或牧业有影响的降雪。这时相关部门要做好防雪准备。这种降雪对交通会造成一定影响，交通部门要做好道路融雪准备，并组织好人员准备做好交通疏通工作。

除了各个部门要做好相应的准备以外，农牧区的百姓也要做好相应准备，要备足粮草，以免发生雪灾时人和牲畜没有足够的粮草。对于一些上学的孩子们来说，发出黄色预警以后，放学后要及时回家，以免下大雪以后路上积雪过深，滑倒摔伤。

雪灾橙色预警信号

雪灾橙色预警信号表明在发布信号6小时内可能出现对交通或牧业有较大影响的降雪，或者已经出现对交通或牧业有较大影响的降雪并可能持续下去。这种雪灾信号发布之后相关部门要迅速做好相应的应急准备工作。

发布雪灾橙色预警信号以后，相关部门要做好道路清扫和积雪融化工作，交通部门要组织好人力，以免发生交通堵塞或交通事故。

雪灾橙色预警信号发布时，有时已经下了很大的雪，这时路上的行人和驾驶人员要格外小心，以保证安全。雪灾橙色预警还表明大雪有持续的可能，这时学校可以提前放学，放学后学生要搭伴行走，遇到道路不好的地方要相互搀扶，防止摔伤。

雪灾橙色预警信号发布以后，人们在日常生活中也要做好相应的准备，这时要将野外放养的牲畜赶到圈里喂养，并准备充足的草料，还要采取相应的保暖措施，以免带来一些不必要的损失。

雪灾红色预警信号

发布雪灾红色预警信号表明在2小时内可能出现对交通或牧业有很大影响的降雪，或者已经出现对交通或牧业有很大影响的降雪并可能持续。雪灾红色预警是最严重的一种雪灾预警信号，这种雪灾的影响非常大，会给人们的生活带来很多不便。这种雪灾在我国北方地区有时会发生，发生这种雪灾时，常会造成交通堵塞并因大雪引发一些交通事故，因此在国家发出雪灾红色预警信号以后，各部门以及个人要高度重视，同时做好相应的准备。

暴雪

红 SNOW STORM

发布雪灾红色预警以后，交通部门在必要时要关闭道路交通，以免发生意外。相关应急处置部门随时准备启动应急方案，做好应对因雪灾带来的各种可能发生的危害的准备。发生这种大雪灾以后，国家要做好相应的救助工作，这种雪灾在牧区发生要多一些，因此要做好牧区救灾工作。

发出雪灾红色预警以后，因大雪可能会持续，路上的积雪过深，行走会不方便，可尽量减少出门时间，并在家里准备充足的食物，做好防寒保温工作。

雪崩的预见性

雪崩预报法特别需要注意的是它的预先性，按照时效长短，可以分成短期、中期和长期三种预报方法，下面分别进行详细的介绍。

1. 短期雪崩预报

短期雪崩预报—A：这是一种最普遍的实时预报，针对的是未来 12～24 小时短时间内的雪崩危险评估，相当于《国际气象词典》中所列的"甚短期预报"。在冬季大雪期间，通常是根据现实的天气状况进行雪崩预报，准确度很大程度上取决于山区的天气变化，而山区的天气变化是最难以预报的，这是急需解决的一个很重要的问题。因为对于雪崩危险的短期预报，能够影响很多管理方面的决定。但是雪崩危险短期预报的常见问题是大雪期间积雪是否具有稳定性。大雪期间，不稳定状况出现的时间是不确定的，它并不出现在大雪的早期阶段，而是在降雪临界程度达到之后，接着，危险迅速增加。于是存在一个很常见的误区，当天气状况良好和积雪表面看来很稳定时候，往往低估了雪崩危险发展的速率。

短期雪崩预报—B：相当于《国际气象词典》中所列的"短期预报"。有 1～3 天的预报时效，是"大雪轨迹预报"。冬季来临，大雪的产生一般都是沿着可识别路径移动的气旋造成的，这都是可以预测的，所以这也是雪崩预报的

基础依据。如果出现雪中的不稳定结构（或有潜在危险发生的可能）已被识别，这时候的预报会特别准确。正在气旋中发展的大雪会因为不稳定结构而产生荷载，可通过判断它可能造成的影响，来预测雪崩危险的可能性。在主要积雪层结构相同的大部分地区，通常大雪都会沿着冬季常见轨迹移动，较强的大雪会产生从一个山脉移到下一个山脉的一系列雪崩作用。轨迹上游地区的雪崩作用报告，可以增强我们对下游地区随着降雪出现而发展的雪崩危险预期。

2. 中期雪崩预报

提前 3 天至 2 周的预报称为中期雪崩预报。因为积雪的变质作用引起的结构变化造成短期间的鼎盛雪崩危险，也可以称为"变质作用预报"。比如说，低温时的不稳定雪板、充分结块之前的不稳定霰层或者使得新雪板变得脆弱的建设性变质作用。这种结构方法主要凭借较长时间的天气影响，所涉及的变质作用变化则可能是复杂的、难以预测的。这种预测方法需要有积雪特性方面的专业知识，才能根据对雪内作用的合乎逻辑的结构变化及其对积雪稳定性的影响进行预报。变质作用预报在技术上是很难的，所以需要有丰富的积雪物理知识，采取因果直观法。

3. 长期雪崩预报

长期雪崩预报指的是时效 2 周至 3 个月的预报。这也叫做"冬季雪崩预报"，主要依据判断评测雪的持续结构形式，特别是形成持续不稳定的深霜结

构。冬季早期形成的深霜或者诸如表霜一类的脆弱润滑层，当上面积攒了足够的积雪负荷时，最终将会导致某种雪崩。未来长达 2～3 个月的冬季未被预见的天气，是否会为雪崩的形成创造有利因子，这是雪崩产生的最大必要条件。即使不知道雪崩产生的确定时间，但是可以准确地预测雪崩是否会出现。根据 11 月和 12 月形成的积雪结构，往往可以预先描述翌年 1 月以前的冬季雪崩状况："雪崩平安无事的冬季"或者"雪崩难以对付的冬季"。另一方面，结构方法就是这种判断的基础，在此基础上，利用因果直观法进行判断，就能得到很好的统计分析结果。在一些地点已经积累相当长的积雪结构时间剖面记录，能够检验某些结构形式和冬季雪崩作用之间总的关系。

暴风雪来临前应做的准备

家庭室内应做的准备

听到风暴的预警消息后，要尽快通知邻居与亲朋好友，他们可能还并不知道警报信息。此外，要根据情况，看是否准备卫生、可储的物品。如有必要，要准备可以坚持几天的食物，最好选那些不用烹饪、不需要冰箱保存的高能量食品，如干果、巧克力、饼干等。此外，还要为老人、儿童准备相应的食品。

检查电线和电话线是否出现故障，同时，也要确定手机是否能够正常通信，还要将电池电量充满，以防暴风雪来临时不能与外界取得联系。最好准备能够由电池来运转的电视、收音机，方便随时了解相关资讯。

暴风雪来临时可能会对供电线路造成一定的影响，为了不在可能断电时发生手忙脚乱的状况，最好准备一些能够耐用并方便的照明设备，如手电筒（最好是使用电池的手电筒）、小型发电器等，而且，也要看使用的电池是否能够正常运转，准备足够的备用电池。如果没有上述条件，也可以准备火柴、蜡烛、煤油灯等简易照明设备。

暴风雪来临时不仅有对供电线路造成影响的可能，也有对输水线路造成影响的可能，所以，在来临前，要有随时会停水的准备，按每人每天饮用3.78升水来算，准备足够喝几天的干净水，也要在盆里、浴缸等容器内蓄满水，以备不时之需。

暴风雪的降临预示着气温的降低，为了顺利度过低温时期，要确保空调、电暖器等取暖设施的正常运作。准备气罐，以防停电时电力设施不能运作而造成煮食不便。此外，在农村，可以准备大量的炭、煤油或木头，在暴风雪来临时用来取暖。

检查所有使用燃料的装置是否能正常运转，如壁炉、炉具或其他装置。要保证良好的通风状态，如果通风不畅，当这些装置运转时，在空气中就会积聚无色、无味的有毒气体——一氧化碳，引起中毒。

为了预防燃料起火造成危险，要准备一些能够有效灭火的设备，最为简便的就是准备一桶沙子，它们既能轻易找到，又可以有效地灭火。此外，如果条件允许，可以准备灭火器，将其调整为备用状态放在触手可及的地方，并且将烟雾警报器启动。照理说，水是火的克星，为什么不用水灭火呢？当然，在一定情况下，水确实是灭火的好材料，不过，倘若有电线或者是油类物质起火，切忌往上泼水。

在暴风雪来临前，如果家中有病患者，要对其药物做好安排，保证有足够的药量，而且，对于急救药物的存放处要铭记于心。

驾车外出前要做的准备工作

冬季暴风雪来临时，如果一定要驾车外出，要将油箱加满油，防止用尽燃料后受到暴风雪更加猛烈的袭击。此外，还要防止其他状况发生，如无法辨别方向、油箱和燃料管结冰等现象。在出发前，一定要做好以下准备：

最好将你的目的地、计划行车路线、备用路线以及预计到达时间等告知给

你的亲朋好友，如果可以的话，尽量不要一个人出行。而且，将指南针和所有可能用到的地图带上，可以在无法辨别方向时使用。在用指南针时，不要待在车里，因为车的金属和电气系统会对其造成影响，使标示有误。

最好携带一个放有食物如糖果、花生、干果或巧克力及睡袋或毯子、替换的鞋和衣服的求生背包。此外，还要放一些其他备用物品，如急救箱和使用手册、蜡烛和防水火柴、投币电话用币、手电筒和备用电池、锋利的小刀、用来融雪当水喝的铁罐儿、一根拖曳绳索、一块显眼的红布、雨刷、细沙或沙砾、援助索（英国人称之为对接线）、一把铁锹（以免轮胎在冰上打滑）。你的车如果没有无线电天线，为了方便，最好还要准备卫生纸、一根长棍和一个有盖子的大桶。

城市居民在雪灾发生前应做的防护措施

雪灾能给人类的生活与生命安全造成极大的威胁，比如，它能对交通、供水、供电系统造成严重的影响和破坏。那么，在雪灾发生前要采取哪些防护措施呢？

在雪灾多发季节，要随时留意天气预报。

如果得到雪灾即将发生的消息，要在家中提前准备好足够御寒的衣物及被褥，还要准备好足够的干净水、食物等，最好能够吃几天。

准备可以照明的工具，如蜡烛、手电筒等，以防雪灾造成输电线路不能供电带来的麻烦。

准备常用的药品，以防不时之需。

准备能够御寒防滑的鞋子和雪具，必要时，还可以准备能护着眼睛、耳朵、鼻子、嘴巴的御寒物，一旦有事外出，也能够有一定的安全保障。

人们在出行时，要听从交警指挥，遵守交通规则。

道路风吹雪危害的防治

1. 防雪林

在公路两侧营造防雪林，使风吹雪携带的雪粒在防雪林带及其附近堆积，减轻和防治道路的雪害，是比较经济有效的方法。它既能防雪害，又能绿化环境，为国家提供木材。在有条件的地区，应尽可能采用营造防雪林的措施来防治风吹雪的危害。

防雪林的防治效应与林带构造有密切关系。防雪林的结构一般是上下都比较紧密的林带。气流与林带遭遇，受树干和树冠的摩擦力影响，通过林带风吹雪的动能损失很大，速度大为减小，风吹雪携带的雪粒沉积在林带及其两侧风速减弱区域内，从而达到保护路面的目的。

防雪林带的防雪效应还与风向有关，林带和风吹雪方向垂直时防护效果最好；风向与林带的交角在 60°以上时，防护效应较好；但风向与林带交角小于15°时，林带的防护效果就很差，甚至失去作用。所以防雪林设置时应充分考虑道路雪害的位置、雪害程度、主导风向等有关因素，合理设置。防雪林的走向应尽可能与风吹雪方向垂直。防雪林宽度以 9～20 米较合适，防雪林和道路的距离要设计适当。林带离道路太近，不仅不能防雪，而且会增大道路积雪量，造成更大的危害；离道路太远，也不能起到防雪作用。林带与道路的距离一般为林高的 10～15 倍较好。根据黑龙江省的经验，防雪林距公路边沟 30 米以外最佳。防雪林应采用乔灌结合方式效果较好，一般株距、行距各 1 米的防雪林带效果较好，但应注意树长高时要及时修剪，否则会降低防治效果。

2. 简易防雪杖

防雪林的防治效果虽好，但需要占地较多，而且也不是立刻就能见效的。实践中因地制宜、就地取材设置的简易防雪杖效果相当不错，简易防雪杖的阻雪效应与防雪林相同。实践中一般利用当地产的玉米秆、向日葵秆、树枝等编结而成，一般高度在 1.5～2 米，距边沟 20 米以外设置，雪量较大时可连续设置多道防雪杖，效果会更好。

3. 阻雪堤

利用已有的积雪修筑阻雪堤，达到以雪治雪的目的，更是一个简便易行的方法。实践中有的利用已有的积雪在公路迎风一侧将积雪筑成 1.5～2 米高的阻雪堤，阻雪堤分段修筑，使其每段与主导风向垂直。第一道阻雪堤一般距边沟15～20 米，随着阻雪的增多，可继续利用新的积雪加高原有的阻雪堤。同时，利用新的积雪在原阻雪堤的外侧再修筑新的阻雪堤，形成多道组合阻雪堤，以达到更好的阻雪效果。当然这种方法是临时性的，应该注意残雪处理以及残雪对公路两侧农作物的影响。

4. 植物防雪

植物防雪，就是利用公路两侧植物防治风吹雪的简单方法。根据公路雪阻路段相对固定的特点，在春天播种季节，由公路管理部门与公路两侧农民协商，在雪阻路段两侧种植高棵作物，如玉米、高粱、向日葵等。待秋天收割时只收果实而不割倒秸秆。利用这些未收割的秸秆，形成植物防护带，使风吹雪受阻，从而达到防治风吹雪的目的。

5. 公路除雪

由于受地形等客观条件的限制，有些路段不能做到有效预防雪阻，因而每年仍有不同程度的雪阻发生，因而公路除雪仍是冬季公路养护的主要任务之一。目前除雪方式以机械除雪为主，主要机械有除雪机、平地机、装卸机、推土机等。除雪时应尽量将积雪推至下风一侧，以防重复雪阻。

6. 育草蓄雪技术

育草蓄雪是通过减少气流中的含雪量，有效减轻风吹雪对公路的危害的一种新型生物防治措施。采用育草蓄雪技术不但可以减轻风吹雪雪害，还能增加植被盖度，提高牧草产量，改善生态环境，是一项利国利民，有利于交通建设事业的重要举措。

在内蒙古草原、青海草原、甘肃甘南草原的调查表明：若公路上风侧是刈割草场，公路雪害程度就重；若公路上风侧是封育草场，植被高度和盖度大，公路雪害程度就轻，公路风吹雪雪害的程度与公路两侧植被的盖度、高度有密切的关系。故明确植被盖度、高度与风雪流的关系是育草蓄雪发挥防雪作用的关键所在。

地表与气流的摩擦阻力使地表某一高度内气流的风速为零，此高度即为粗糙度。当地表有植被覆盖时，地表就粗糙，摩擦阻力就大，风速轴线将相应上移，近地面风速减小，就越不易达到使表层雪粒运动的临界风速。由于植被的盖度、高度不同，对应着不同的粗糙度，风速也会发生相应的变化。地表植被盖度越大，高度越高，地面就越粗糙，摩擦阻力就越大，风速廓线上移量也就越大，对近地表的风速的减弱作用就越明显。地表植被内就可截留风雪流中大部分的雪粒，积蓄为一个巨大的雪库，继而移雪量减小，风雪流浓度降低，能见度提高。这样育草蓄雪技术不但能消除风吹雪对路面积雪的危害，而且能消除风吹雪对驾驶员视线障碍的危害，可以从根本上解决风吹雪对公路的危害。

农业生产防雪灾措施

（1）及早地采取有效防冻措施，抵御强低温对越冬作物的侵袭，尤其是要防止持续低温对旺苗、弱苗的危害。

（2）加强对大棚蔬菜和在地越冬蔬菜的管理，避免连阴雨雪、低温天气的危害。在雪后，应该及时清除大棚上的积雪。如此一来，不仅可以减轻塑料薄膜的压力，还有利于增温透光；与此同时，要加强对各类冬季蔬菜、瓜果的储存管理。

（3）要趁雨雪间隙及时做好"三沟"的清理工作，降湿排涝，以防连阴雨雪天气造成田间长期积水，影响作物根系的生长发育。同时要加强田间管理，中耕松土，铲除杂草，提高抗寒能力，做好病虫害的防治工作。

（4）及时给作物盖土，提高御寒能力，若能用猪粪牛粪等有机肥覆盖，保苗越冬则效果更好。

（5）要做好大棚的防风加固，并注意棚内的保温、增温，减少蔬菜病害的发生，保障蔬菜的正常供应。

必知的雪灾常识

了解信息，做好准备

要注意关于暴雪的最新预报、预警信息。要准备好融雪、扫雪工具和设备；车辆尽量不要外出；要了解机场、高速公路、码头、车站的停航或者关闭信息，及时调整出行计划；要储备食物和水；要远离不结实、危险的建筑物；及早地为牲畜准备好粮草，并且将野外放牧的牲畜收回；对农作物要采取防冻措施。

灾后除雪，人人有责

一旦发生雪灾，无需恐慌，应该以积极的心态面对。要做好道路扫雪和融雪工作，居民和商铺也要积极配合，"各人自扫门前雪"是必要的。

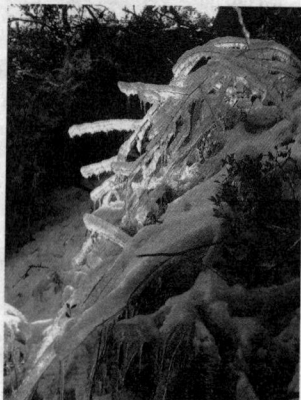

暴雪天气外出时的注意事项

如果出现暴雪天气，大家应该尽可能在室内待着，若非出去不可，也要做好相应的防护措施，避免受到伤害，如蹦蹦跳跳，摸摸脸，揉揉鼻子，抚抚耳朵，伸伸手指和脚趾等，尽量让身体的各个部位活动开，但是，在活动的时候不要做太剧烈的动作，以免出汗，若外出时吹到冷空气，可能引起感冒。在冰冻严重的南方，尽量别穿硬底鞋和光滑底的鞋，给鞋套上旧棉袜，是很多人在防冰雪灾害中摸索出来的好办法。同时，也要特别注意以下几个方面：

如果暴雪来临时你正在室外，在行走时为了避免砸伤，要远远地避开老树、广告牌、临时搭建物等。如果不能绕道通过，而要从屋檐、桥下等处经过时，也要小心地观察周围的情况，以免受到因融化而脱落的冰锥的伤害，因为从上面掉落的冰锥，在重力加速作用下，杀伤力不次于刀剑。

骑自行车的学生如果在上学、放学的路上遭遇到暴雪天气，要适当地将轮胎放少量气，以便使地面与轮胎的摩擦力加大，避免滑倒。

在外面的行人，要服从交通疏导的安排，听从交通民警的指挥。

为了不耽误出行，要随时留意天气预报和相关的交通信息，如对机场、高速公路、轮渡码头等报道的停航或封闭信息等。

倘若已经有交通事故发生，为了避免出现连环撞车事故，应该将明显的标志设置在事故现场后方。

雪天安全行车措施

冰雪寒冬临近，对于雪天行车的一些技巧，交警提出以下贴心提示。

1. 要遵法安全行车

在雪天驾驶时与周边车辆保持一定车距是确保安全的前提。从主观上来说，要集中精力驾车，遵章守法、安全礼让、适速行驶车辆，不超载、不超速行驶、不违法超车、不空挡滑行是确保安全的关键。

2. 要用技巧驾驶

起步、行车要合理使用挡位，慢抬离合器，轻加油，平稳起步；双手握稳方向盘，轻（慢）打方向，尽量保持车辆直线行驶；车辆在正常行驶中，严禁突然加油、收油、猛打方向、猛踏刹车，因为这样极易引发事故。

3. 遇情况要及时采取措施

有障碍或转弯时提前减速，充分利用发动机的牵制力换低速挡控制车速，轻踩刹车；车辆在行驶过程中遇侧滑或跑偏时，要及时减油，同时往侧滑方向打轮，轻点刹车，以调正车身；突遇障碍物，要踏死刹车不松开，掌握好行驶方向，尽量使车轮推着事故物件前移，以免车轮转动轧过事故物件，造成更大伤害；驾驶机动车时要尽量远离自行车，以防其滑倒发生事故。

雪天对人们的八大提醒

提醒一：防止意外跌倒。雨雪天气造成路面湿滑，因此，特别提醒广大市民注意出行安全，防止意外跌倒。

提醒二：防止冠心病发作。雨雪天气温陡降，冠状动脉在寒冷的刺激下，易痉挛收缩，并发心肌梗死的可能性就很大，因此，心脑血管疾病患者一定要注意加强防护，要及时服药，切忌劳累，注意保暖。

提醒三：防止感染呼吸道疾病。冬春季节是呼吸道疾病的高发季节，抵抗力相对较低的儿童、老年人、慢性病患者等应该适当减少在户外的活动时间，注意防寒保暖，室内保持经常通风。

提醒四：预防中风。老人血管弹性差，气温急剧变化，会带来血压波动引发中风。

提醒五：防止胃出血及消化道溃疡。寒冷容易引发胃出血及消化道溃疡，需注意胃的保暖和饮食调养，日常膳食应该以温软素淡、易消化为宜，做到少食多餐，定时定量，忌食生冷，戒烟戒酒，还可以选服一些温胃暖脾的中成药。

提醒六：防止出现煤气中毒。冬季寒冷，煤气使用、煤炉取暖时，家庭一定要注意保持通风。注意取暖设备的安全性，记得经常排气通风，谨防废气积聚。

提醒七：防范晨练病。外出晨练，防止冠心病的急性发作，应随身携带急救药品。如果突然发生心绞痛应立即停止运动，原地休息，同时含服硝酸甘油，切忌急速跑回家。冠心病患者不要单独外出晨练，不要选择僻静处晨练，以免病情发作时，无法寻求他人帮助。冠心病患者外出晨练时，应事先喝些牛奶等流质，避免空腹晨练造成低血糖反应，但也不应吃完早餐立即外出晨练。

提醒八：防止不当的御寒方式。喜欢时尚的年轻人在出入室内外温差较大的环境时，必须注意及时添减衣物。下雪天，不能为追求时尚而穿着单薄。同时注意饮食清淡，不要一次食用过多的凉性食物，防止急性胃肠炎发生。

应对雪灾天气必须特别注重膳食营养

对于人体而言，寒冷产生的影响是多方面的。首先会影响到机体激素调节，促进蛋白质、脂肪、糖类（碳水化合物）三大营养素的代谢分解加快，特别是脂肪代谢加速分解；其次，还会影响到机体的消化系统，使得人体的食欲以及消化吸收功能突然提高；最后，影响机体的泌尿系统，排尿会相应增多，这样一来，钙、钾、钠等矿物质的流失也随即增多。

所以，这些人体变化都需要相应的营养素进行合理调节，以防机体在寒冷环境中出现上述一些生理变化而产生不适症状，具体应做到以下几点。

1. 多摄入一些御寒食物

在寒冷的冬季，人们往往会因为寒冷而明显感到身体不适，甚至还会有人因体内阳气虚弱而特别怕冷。由此看来，冬季的时候要适当用具有御寒功效的食物进行温补和调养，以起到温养全身组织、增强体质、促进新陈代谢、提高防寒能力、维持机体组织功能活动、抗拒外邪、减少疾病的作用。在冬季宜吃一些性温热御寒并有补益的食物，如羊肉、狗肉、甲鱼、虾、鸽、鹌鹑、海参、枸杞、韭菜、胡桃、糯米等。

2. 增加产热食物的摄入

通常情况下，冬季寒冷干燥，机体每天为适应外界寒冷环境，会消耗很多的能量，所以一定要增加产热营养素的摄入量。产热营养素主要指蛋白质、脂肪、糖类等，所以尽量多吃一些富含这三大营养素的食物。相对而言，要特别增加脂肪的摄入量，如在吃荤菜时应增加肥肉的摄入量；在炒菜时，应多放些烹调油等。

3. 补充必要的蛋氨酸

蛋氨酸通过转移作用，可以给人体提供一系列耐寒所必需的甲基。寒冷的气候会增加人体尿液中肌酸的排出量，脂肪代谢也会相应加快，而合成肌酸及脂酸、磷脂在线粒体内氧化释放出的热量都需要甲基。如此看来，在冬季应尽量多摄取含蛋氨酸较多的食物，如芝麻、葵花子、乳制品、酵母、叶类蔬菜等。

4. 增加富含维生素类食物的摄入量

寒冷的气候，能够加强人体氧化产热，致使机体维生素代谢发生明显变化。如果增加维生素 A 的摄入，可以增强人体的耐寒能力。增加维生素 C 的摄入量，不仅可以提高人体对寒冷的适应能力，还可以更好地保护血管。维生素 A 主要来自动物肝脏、胡萝卜、深绿色蔬菜等食物，维生素 C 主要来自新鲜水果和蔬菜等食物，所以要多吃一些这类食物。

5. 补充适量的矿物质

人体的抗寒能力与机体摄入矿物质的量有一定的关系。例如，钙在人体内的含量，可直接影响人体的心肌、血管及肌肉的伸缩性和兴奋性，多摄入一些钙，可提高机体的抗寒力。牛奶、豆制品、海带等都是一些含钙丰富的食物。此外，食盐对人体御寒也有着举足轻重的作用，它可以增强人体的产热功能。因此，在冬季调味多以重味辛热为主，不过也应适可而止，不可过咸，每日摄盐量以 6 克为宜。

6. 注重热食

为了使人体更好地适应外界的寒冷环境，尽量多吃热饭、热菜，用餐的时候要趁热进食，以摄入更多的能量御寒。餐桌上应以热菜、热汤为主，这样不仅可以增强食欲，亦可消除寒冷感。

应对雪灾的信息管理

信息共享

国务院建立全国统一的突发事件信息系统。县级以上地方人民政府应当建立或者确定本地区统一的突发事件信息系统，汇集、储存、分析、传输有关突发事件的信息。与上级人民政府及其有关部门、下级人民政府及其有关部门、专业机构和监测网点的突发事件信息系统实现互联互通，加强跨部门、跨地区的信息交流与情报合作。

建立完善的信息疏导和共享机制是成功应对灾害的基础。充分利用和整合社会公共媒体、有关部门和行业内部信息发布渠道，完善各有关部门预警信息发布机制，建立各部门共用的气象灾害预警等信息发布平台。实现部门之间互联互通、实时充分共享的信息交换机制，统一协调和指挥各部门灾害防御的各项工作，形成政府领导、多部门联动的有效机制。

减灾委办公室、全国抗灾救灾综合协调办公室及时汇总各类灾害预警预报信息，向成员单位和有关地方通报信息。信息产业部门应当与气象主管机构密切配合，确保气象通信畅通，准确、及时地传递气象情报、气象预报和灾害性天气警报。气象主管机构应当会同气象灾害联合监测成员单位建立气象灾害信息共享平台。重大暴雪灾害的监测、预报、服务、灾情等信息实行分级上报，由各级气象部门归口管理，实现共享。

灾情信息

1. 相关机制

（1）建立灾情的信息收集机制。

（2）建立完善的信息疏导机制。

（3）建立及时的信息报告制度。

（4）建立透明的信息披露制度。

2. 灾情信息报告内容

包括灾害发生的时间、地点、背景，灾害造成的损失（包括人员受灾情况、人员伤亡数量、农作物受灾情况、房屋倒塌、损坏情况及造成的直接经济损失），已采取的救灾措施和灾区的需求。

3. 灾情信息报告时间

暴雪灾害信息的报送和处理，应当快速、准确、翔实，重要信息应当立即上报，因客观原因一时难以准确掌握的信息，应当及时报告基本情况，同时抓紧了解情况，随后补报详情。

（1）灾情初报。县级气象部门对于本行政区域内突发的雪灾，凡造成人员伤亡和较大财产损失的，应在第一时间了解掌握灾情，及时向地（市）级气象部门报告初步情况，最迟不得晚于灾害发生后 2 小时。对造成死亡（含失踪）10 人以上或其他严重损失的重大灾害，应同时上报省级气象部门和气象主管机构。地（市）级气象部门在接到县级报告后，在 2 小时内完成审核、汇总灾情数据的工作，向省级气象部门报告。省级气象部门在接到地（市）级报告后，应在 2 小时内完成审核、汇总灾情数据的工作，向国家气象部门报告。国家气象部门接到重、特大灾情报告后，在2小时内向国务院报告。

（2）灾情续报。在重大自然灾害灾情稳定之前，省、地（市）、县三级气象部门均须执行24小时零报告制度。县级气象部门每天9时之前将截止到前一天24时的灾情向地（市）级气象部门上报，地（市）级气象部门每天10时之前向省级气象部门上报，省级气象部门每天12时之前向国家气象部门报告情况。特大灾情根据需要随时报告。

（3）灾情核报。县级气象部门在灾情稳定后，应在2个工作日内核定灾情，向地（市）级气象部门报告。地（市）级气象部门在接到县级报告后，应在3个工作日内审核、汇总灾情数据，将全地（市）汇总数据（含分县灾情数据）向省级气象部门报告。省级气象部门在接到地（市）级的报告后，应在5个工作日内审核、汇总灾情数据，将全省汇总数据（含分市、分县数据）向国家气象部门报告。

［案例］

西藏抗击暴雪灾害的气象服务

2008年10月25日上午，西藏气象局监测到孟加拉湾低涡云系不断发展，西太平洋副热带高压呈带状西伸趋势。预报人员会商后认为，云系可能在24小时后北上高原，给西藏中东部带来较强雨雪天气。26日早上，低涡云系不断加强，西藏气象台立即与中央气象台进行了视频天气会商，及时发布了"26日开始，西藏地区将有一次明显的雨雪天气，东部地区和南部地区个别地方有大到暴雪"，并发布了"强降雪红色预警信号"，警报发出后，各地暴雪消息不断汇集到自治区气象台。灾害发生后，天气实况信息、灾害预警信息和气象服务信息陆续通过服务专报、报纸网络、广播电视、手机短信和电子显示屏等迅速传到四面八方，送到了各级领导的办公桌上，为灾害的应对赢得了宝贵的时间。

4. 灾情核定

（1）部门会商核定。各级气象部门协调农业、水利、交通、国土资源、能源、环保、地震、统计等部门进行综合分析、会商，核定灾情。

（2）专家核定。气象、水利等有关部门组织专家评估小组，通过全面调查、抽样调查、典型调查和专项调查等形式对灾情进行专家评估，核定灾情。

引导媒体

媒体特别是大众媒体，在公共危机过程中扮演着观察员、信息传递员、社会协调员、舆论引导者等各种角色。媒体代表社会公众行使守望的功能，媒体又是公共资源，不仅及时监视可能导致危机发生的各种潜在因素，而且在危机过程中作为政府和公众的代言人，可以沟通信息，疏导情绪，引导舆论，化解公共危机。危机过后，媒体对处理公共危机的经验和教训的反思能够引导政府在今后类似的危机事件中采取正确的应对措施，最大限度地减少公共危机带来的损失。为此，政府要及时与媒体沟通，把准确的信息披露给媒体，对其进行积极引导。

面对雪灾等重大自然灾害，媒体大致有三种基本的报道模式：一是"灾"情型，以自然灾害本身作为新闻报道的主体；二是"人"情型，以在自然灾害面前人们的所作所为与精神面貌作为新闻报道的主体；三是"综合"型，以客观的"灾"情报道和充分的"人"情报道相结合的报道方式。政府要正确引导媒体，使其在报道中发挥应有的积极作用。具体引导方向集中在以下几个方面：首先，及时做好预警报道；其次，重点做好抗灾救灾报道；再次，适时做好反思报道。

雪灾的处置与救援

按照"条块结合，以块为主"的原则，灾害救助工作以地方政府为主。灾害发生后，乡级、县级、地级、省级人民政府和相关部门要根据灾情，按照分级管理、各司其职的原则，启动相关层级和相关部门应急预案，做好灾民紧急转移安置和生活安排工作，做好抗灾救灾工作，做好灾害监测、灾情调查、评估和报告工作，最大程度地减少人民群众生命和财产损失。

应急响应

先期处置

雪灾发生后，地方人民政府和有关单位应立即启动预案，采取措施，控制事态发展，组织开展应急救援工作，并及时向上级政府报告，根据已经形成或有可能形成的雪灾情况，提出处置建议。受雪灾影响地区的市级人民政府或省政府有关部门在报告特别重大、重大突发公共事件信息的同时，要根据职责和规定的权限启动相关应急预案，及时有效地进行处置，组织开展应急救援，控制事态，并及时向上级政府报告。

当雪灾对居住和生活造成威胁时，必须进行灾民转移，保障灾民生命安全。一般由受灾乡镇政府组织实施，尽量采取就近安置，确保灾民基本生活：

（1）通过投亲靠友、借住公房和调运及搭建帐篷（包括简易棚）等方式确保被转移群众有临时住所。

（2）为灾民提供方便食品、粮食等，保证灾民有饭吃。

（3）为缺少衣被的灾民提供衣被、保障灾民的取暖。

（4）保证灾民有干净的饮用水。

（5）保证有伤病的灾民得到及时的医疗救治。

（6）灾民转移安置由当地政府发出转移安置通知或进行动员，安排运输力量，按指定的路线进行转移，对转移安置中急需解决的问题和困难，及时逐级上报。

（7）公安部门要保证转移安置地和灾区的社会治安。

（8）气象部门要在 24 小时内，向市气象部门报告灾害基本情况（受灾区域、受灾人员、死亡人员、失踪人员、伤病人员，需要转移安置人员等）、救灾工人开展情况（紧急转移安置人员、应急资金拨付情况、救灾物资调运和发放情况等），以及请求上级支持的意见（救灾应急资金、物资等）。5 日内将上级拨付的救灾应急资金落实到灾民手中，并在 10 日内以文件形式向市气象部门报告救灾应急资金的使用情况。

（9）卫生与消防部门要防止灾区发生火灾、疫病等灾害。

（10）当地政府对转移安置灾民情况要进行登记，并将转移安置情况及时上报县委、县政府。

分级响应

1. 相应程序

（1）中国气象局发布 I 级预警后，省、市、县三级气象部门应当启动相应的应急程序。

（2）省气象局发布 II 级预警后，市、县两级气象部门应当启动相应的应急程序。

（3）市气象局发布Ⅲ级预警后，市气象局及其所属气象业务单位和县气象局应当启动相应的应急程序。

（4）县气象局发布Ⅳ级预警后，应当启动相应的应急程序。

2. 气象部门的应急响应

各级气象灾害应急指挥机构启动预警后，同级气象部门应当按照以下程序做好应急响应：

（1）Ⅳ级响应。县级气象灾害应急指挥机构发布Ⅳ级预警后，县级气象局应当启动相应的应急程序：

——业务单位各岗位应急人员全部到位，实行24小时主要负责人领班制度，全程跟踪灾害性天气的发展、变化情况。

——县气象局应当主动加强与市气象局所属业务单位的天气会商，并根据省和市气象台发布的指导意见，做好雪灾的跟踪服务工作。

——根据应急工作需要各业务岗位按照职责做好实时监测、加密观测、滚动预报、跟踪服务。

——县气象局应当及时向县级气象灾害应急指挥机构和市气象局报告雪灾的发生、发展及其预报服务情况。

——县气象局应当及时将本地雪灾信息向邻近、周边县气象局通报。

（2）Ⅲ级响应。市级气象灾害应急指挥机构发布Ⅲ级预警后，市、县级气象局应当启动相应的应急程序：

——市气象局职能部门和业务单位各岗位应急人员全部到位，实行24小时主要负责人领班制度，全程跟踪重大暴雪灾害性天气的发展、变化情况。

——市气象局应当主动加强与省气象局所属业务单位的天气会商，并根据省气象台发布的指导意见，做好重大暴雪灾害的跟踪预报预警服务工作。

——市气象局应当及时向市级气象灾害应急指挥机构和省气象局报告重大暴雪灾害的发生、发展及其预报服务情况。

——灾害发生后，市气象局应当迅速调派应急队伍，进入抗灾现场，做好相关的重大暴雪灾害性天气监测、预报和现场气象服务等工作。

——市气象局应当及时将本地重大暴雪灾害信息向邻近、周边市气象局通报。

发生或可能发生重大暴雪灾害的县级气象局各岗位应急人员全部到位，实行24小时主要负责人领班制度。

——根据应急工作需要，各业务岗位按照职责做好实时监测、加密观测、滚动预报、跟踪服务。

——发生地的县气象局应当及时将本地重大暴雪灾害信息向邻近、周边县气象局通报。

（3）Ⅱ级响应。省气象灾害应急指挥机构发布Ⅱ级预警后，省气象局和有关市、县气象局应当启动相应的应急程序：

——省气象局职能部门和业务单位各岗位应急人员全部到位，实行24小时主要负责人领班制度，全程跟踪重大暴雪天气的发展、变化情况。

——省气象台应当主动加强与国务院气象主管机构所属业务单位的天气会商，并做好重大暴雪灾害的跟踪预报预警工作，及时向市、县两级气象台站发布指导意见。

——省气象局应当及时向省气象灾害应急指挥机构和国务院气象主管机构报告重大暴雪灾害的发生、发展及其预报服务情况。

——省气象局应当及时将重大暴雪灾害信息向全省气象部门通报。

——灾害发生后，省气象局应当迅速调派应急队伍，进入抗灾现场，做好相关的重大暴雪灾害性天气监测、预报和现场气象服务等工作。

——省气象局应当及时将本地重大暴雪灾害信息向邻近、周边省级气象部门通报。

发生或可能发生重大暴雪灾害的市、县两级气象部门各岗位应急人员全部到位，实行24小时主要负责人领班制度。

——根据应急工作需要，市、县两级气象部门各业务岗位按照职责做好实

时监测、加密观测、滚动预报、跟踪服务。

——发生地的市、县两级气象部门应当及时将本地重大暴雪灾害信息向邻近、周边市、县两级气象部门通报。

(4) Ⅰ级响应。国务院应急办公室发布Ⅰ级预警后，省、市、县气象局应当启动相应的应急程序：

省气象局及其直属各岗位应急人员全部到位，实行 24 小时主要负责人领班制度，全程跟踪重大暴雪灾害性天气的发展、变化情况。

——省气象局所属气象业务单位应当加强与国务院气象主管机构各直属业务单位的天气会商，并做好重大暴雪灾害的跟踪预报预警工作，及时向市、县两级气象台站发布指导意见。

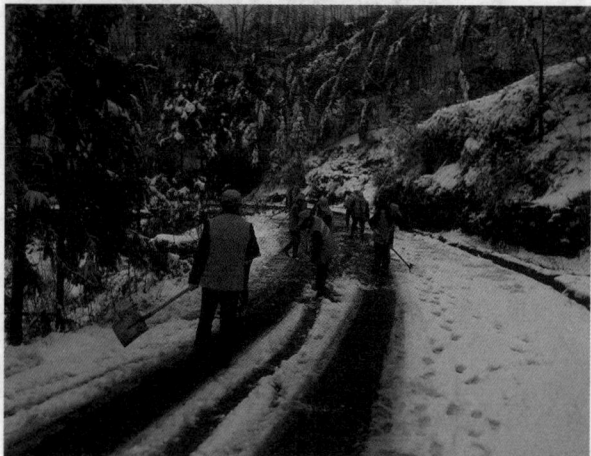

——省气象局应当及时向省气象灾害应急指挥机构报告重大暴雪灾害的发生、发展及其预报服务情况。

——灾害发生后，省气象局应当积极配合国务院气象主管机构迅速调派应急队伍，进入抗灾现场，做好相关的重大暴雪灾害性天气监测、预报和现场服务等工作。

——省气象局应当及时将本地重大暴雪灾害信息向邻近、周边省级气象部门通报。

发生或可能发生重大暴雪灾害的市、县两级气象局及其所属业务单位各岗位应急人员全部到位，实行 24 小时主要负责人领班制度。

——根据应急工作需要，市、县两级气象局所属各业务单位各业务岗位应当按照职责做好实时监测、加密观测、滚动预报、跟踪服务。

——发生地的市、县两级气象局应当及时将本地重大暴雪灾害信息向邻近、周边市、县两级气象局通报。

[案例]

2008 年 1 月的南方冰雪灾害的应对就很好地体现了分级响应的应对程序。中央层面是民政部的应对措施,地方上湖北、湖南、安徽、贵州、江西等灾情严重的省份也做出相应部署。

民政部

雪灾发生后,民政部与有关省份保持密切联系,及时掌握、分析、报告灾情。根据湖北省灾情,按照《国家自然灾害救助应急预案》,国家减灾委、民政部于 1 月 21 日 16 时紧急启动四级救灾响应,派出救灾工作组紧急赶赴灾区;1 月 23 日 17 时,根据湖南省灾情发展,紧急启动四级响应,赴湖北灾区工作组直接赶赴湖南灾区协助开展救灾工作。并且,民政部与财政部等联手出台了对有关省份的支持政策,并付诸实施。

湖北省

省政府办公厅紧急下发了关于做好防灾抗灾工作的通知,省民政厅于 1 月21 日启动自然灾害救助三级响应,派出两个工作组深入灾区核查灾情。全省各级共投入雪灾救助资金 2960 万元,发放棉衣被 9.7 万件床,用于解决雪灾和春节前冬春灾民基本生活安排问题。灾区各级民政部门 24 小时救灾值班,对灾情实行临时日报和零报告制度,对受灾群众采取投亲靠友、借住房屋方式进行分散安置,对住危房群众一律提前进行转移。

湖南省

1 月 22 日派出由省直有关部门组成的 12 个救灾工作组分赴全省灾区指导防寒抗冻救灾工作。各级民政部门组织人员入村到户,安顿受灾群众,重点帮助农村特困户、五保户和低保户。湘西自治州下拨救灾资金 800 万元,棉被 2400床,衣物 35 000 件,对灾民进行救助。凤凰县已发放救灾款 80 多万元、救灾粮

5万多千克、棉被1500多床、棉衣1500多件。

安徽省

1月22日晚，省政府召开救灾工作紧急会议，紧急启动《安徽省自然灾害救助应急预案》Ⅳ级响应，决定下拨雪灾应急款2000万元支持地方救灾，同时派出4个工作组分赴重灾市、县督促指导工作。各级民政部门实行24小时值班，保证灾情信息畅通，妥善安置倒房、转移危房农户，结合冬春救助及时发放救灾款物，解决当前灾区群众急需的口粮、衣被、燃料等生活必需品，保证灾区群众安度雨雪关。

贵州省

1月21日9时省减灾委办公室、省民政厅及时启动自然灾害救助三级响应；省交通厅、省公安厅、省卫生厅、省气象局、省消防总队等单位和部门及时启动了专项预案或应急救援方案，全面开展了救援救助工作。重灾的铜仁地区、黔南州、黔东南州、遵义市共支出生活救助经费439.86万元。其中用于购粮、购食品71.3吨，发放衣被7729件（床），发放临时救济款292.73万元。铜仁地区在大龙、大兴等地设6个救助点，投入资金266.2万元，对12 413人进行生活救助，对8115人进行衣被救助。

3. 信息发布方式

各级气象台站应当按照有关发布规定及时通过广播、电视、手机短信、电话、网络等方式向社会发布重大暴雪灾害性天气预报预警信息。

4. 成员单位的应急响应

（1）Ⅳ级响应。事发地的县级气象灾害应急指挥机构成员单位按照县气象灾害应急指挥部的统一部署，做好相应的应急响应工作。

（2）Ⅲ级响应。事发地的市气象灾害应急指挥机构成员单位按照市气象灾害应急指挥机构的统一部署，做好相应的应急响应工作。

（3）Ⅱ级响应。省气象灾害应急指挥机构成员单位按照省气象灾害应急指挥机构的统一部署，做好相应的应急响应工作。

（4）Ⅰ级响应。省气象灾害应急指挥机构成员单位按照国务院应急办公室和省气象灾害应急指挥机构的统一部署，做好相应的应急响应工作。

雪灾的处置救援措施

预警期措施

1. 三、四级预警期措施

发布三、四级警报，宣布进入预警期后，县级以上地方各级人民政府应当根据即将发生的雪灾的特点和可能造成的危害，采取下列措施：

（1）启动应急预案。

（2）责令有关部门、专业机构、监测网点和负有特定职责的人员及时收集、报告有关信息，向社会公布反映雪灾信息的渠道，加强对雪灾发生、发展情况的监测、预报和预警工作。

（3）组织有关部门和机构、专业技术人员、有关专家学者，随时对雪灾信息进行分析评估，预测发生雪灾可能性的大小、影响范围和强度以及可能发生的雪灾的级别。

（4）定时向社会发布与公众有关的雪灾预测信息和分析评估结果，并对相关信息的报道工作进行管理。

（5）及时按照有关规定向社会发布可能受到雪灾危害的警告，宣传避免、减轻危害的常识，公布咨询电话。

2. 一、二级预警期措施

发布一、二级警报，宣布进入预警期后，县级以上地方各级人民政府除采取三、四级预警期措施外，还应当针对即将发生的雪灾的特点和可能造成的危害，采取下列一项或者多项措施：

（1）责令应急救援队伍、负有特定职责的人员进入待命状态，并动员后备人员做好参加应急救援和处置工作的准备。

（2）调集应急救援所需物资、设备、工具，准备应急设施和避难场所，并确保其处于良好状态、随时可以投入正常使用。

（3）加强对重点单位、重要部位和重要基础设施的安全保卫，维护社会治

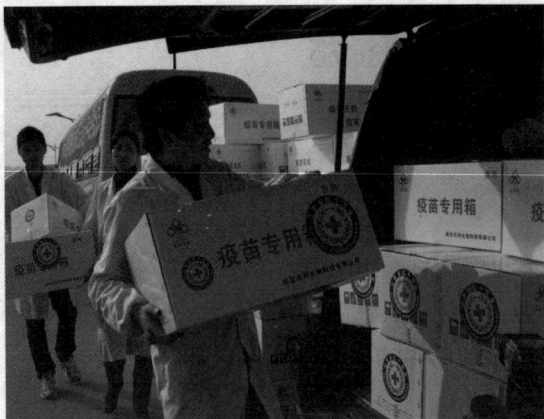

安秩序。

（4）采取必要措施，确保交通、通信、供水、排水、供电、供气、供热等公共设施的安全和正常运行。

（5）及时向社会发布有关采取特定措施避免或者减轻危害的建议、劝告。

（6）转移、疏散或者撤离易受雪灾危害的人员并予以妥善安置，转移重要财产。

（7）关闭或者限制使用易受雪灾危害的场所，控制或者限制容易导致危害扩大的公共场所的活动。

（8）法律、法规、规章规定的其他必要的防范性、保护性措施。

应急措施

1. 政府措施

雪灾发生后履行统一领导职责或者组织处置雪灾的人民政府应当针对其性质、特点和危害程度，立即组织有关部门，调动应急救援队伍和社会力量，依照有关法律、法规、规章的规定采取下列一项或者多项应急处置措施：

（1）组织营救和救治受害人员，疏散、撤离并妥善安置受到威胁的人员以及采取其他救助措施。

（2）迅速控制危险源，标明危险区域，封锁危险场所，划定警戒区，实行交通管制以及其他控制措施。

（3）立即抢修被损坏的交通、通信、供水、排水、供电、供气、供热等公共设施，向受到危害的人员提供避难场所和生活必需品，实施医疗救护和卫生防疫以及其他保障措施。

（4）禁止或者限制使用有关设备、设施，关闭或者限制使用有关场所，中止人员密集的活动或者可能导致危害扩大的生产经营活动以及采取其他保护措施。

（5）启用本级人民政府设置的财政预备费和储备的应急救援物资，必要时调用其他急需物资、设备、设施、工具。

（6）组织公民参加应急救援和处置工作，要求具有特定专长的人员提供服务。

（7）保障食品、饮用水、燃料等基本生活必需品的供应。

（8）依法从严惩处囤积居奇、哄抬物价、制假售假等扰乱市场秩序的行为，稳定市场价格，维护市场秩序。

（9）依法从严惩处哄抢财物、干扰破坏应急处置工作等扰乱社会秩序的行为，维护社会治安。

（10）采取防止发生次生、衍生事件的必要措施。

履行统一领导职责或者组织处置雪灾的人民政府，必要时可以向单位和个人征用应急救援所需设备、设施、场地、交通工具和其他物资，请求其他地方人民政府提供人力、物力、财力或者技术支援，要求生产、供应生活必需品和应急救援物资的企业组织生产、保证供给，要求提供医疗、交通等公共服务的组织提供相应的服务。

履行统一领导职责或者组织处置雪灾的人民政府，应当组织协调运输经营单位，优先运送处置雪灾所需物资、设备、工具、应急救援人员和受到雪灾危害的人员。

2. 承载主体应对措施

雪灾发生地的居民委员会、村民委员会和其他组织应当按照当地人民政府的决定、命令，进行宣传动员，组织群众开展自救和互救，协助维护社会秩序。

受到雪灾危害的单位，应当立即组织本单位应急救援队伍和工作人员营救受害人员，疏散、撤离、安置受到威胁的人员，封锁危险场所，并采取其他防止危害扩大的必要措施，同时向所在地县级人民政府报告。

雪灾发生地的公民应当服从人民政府、居民委员会、村民委员会或者所属单位的指挥和安排，配合人民政府采取的应急处置措施，积极参加应急救援工作，协助维护社会秩序。

信息发布

履行统一领导职责或者组织处置雪灾的人民政府按照有关规定做好信息发布工作。信息发布坚持实事求是、及时准确的原则。要在第一时间向社会发布简要信息，并根据灾情发展情况做好后续信息发布工作。气象灾害应急指挥机构要建立新闻发言人制度，按照有关规定和要求，及时将重大暴雪灾害及其衍生、次生灾害监测预警，因灾伤亡人员、经济损失、救援情况、下一步安排、需要说明的问题等信息及时、准确向社会公布。

自然灾害国家处置措施

1. Ⅳ级响应

由减灾委办公室、全国抗灾救灾综合协调办公室主任组织协调灾害救助工作。减灾委办公室、全国抗灾救灾综合协调办公室及时与有关成员单位联系，沟通灾害信息；有关部门落实对灾区的抗灾救灾支持；视情况向灾区派出工作组。

灾情发生后 24 小时内，民政部工作组赶赴灾区慰问灾民，核查灾情，了解救灾工作情况，了解灾区政府的救助能力和灾区需求，指导地方开展救灾工作，调拨救灾款物。

掌握灾情动态信息，并在民政部网站发布。

2. Ⅲ级响应

由减灾委员会秘书长组织协调灾害救助工作。

减灾委办公室、全国抗灾救灾综合协调办公室及时与有关成员单位联系，沟通灾害信息；组织召开会商会议，分析灾区形势，研究落实对灾区的抗灾救灾支持措施；组织有关部门共同听取有关省（区、市）的情况汇报；协调有关部门向灾区派出联合工作组。

灾情发生后 24 小时内，民政部工作组赶赴灾区慰问灾民，核查灾情，了解救灾工作情况，了解灾区政府的救助能力和灾区需求，指导地方开展救灾工作。

灾害损失较大时，灾情发生后 48 小时内，协调有关部门组成全国抗灾救灾综合协调工作组赴灾区，及时调拨救灾款物。

掌握灾情和救灾工作动态信息，并在民政部网站发布。

3. Ⅱ级响应

由减灾委副主任组织协调灾害救助工作。

民政部成立救灾应急指挥部，实行联合办公，组成紧急救援（综合）组、灾害信息组、救灾捐赠组、宣传报道组和后勤保障组等抗灾救灾工作小组，统一组织开展抗灾救灾工作。灾情发生后 24 小时内，派出抗灾救灾联合工作组赶赴灾区慰问灾民，核查灾情，了解救灾工作情况，了解灾区政府的救助能力和灾区需求，指导地方开展救灾工作，紧急调拨救灾款物。

及时掌握灾情和编报救灾工作动态信息，并在民政部网站发布。

向社会发布接受救灾捐赠的公告，组织开展跨省（区、市）或全国性救灾捐赠活动。经国务院批准，向国际社会发出救灾援助呼吁。

公布接受捐赠单位和账号，设立救灾捐赠热线电话，主动接受社会各界的救灾捐赠；每日向社会公布灾情和灾区需求情况；及时下拨捐赠款物，对全国救灾捐赠款物进行调剂；定期对救灾捐赠的接收和使用情况向社会公告。

4. Ⅰ级响应

由减灾委主任统一领导、组织抗灾救灾工作。

民政部接到灾害发生信息后，2 小时内向国务院和减灾委主任报告，之后及时续报有关情况。灾害发生后 24 小时内财政部下拨中央救灾应急资金，协调铁路、交通、民航等部门紧急调运救灾物资；组织开展全国性救灾捐赠活动，统一接收、管理、分配国际救灾捐赠款物；协调落实党中央、国务院关于抗灾救灾的指示。

雪灾专业应对措施

1. 除雪技术与方式

（1）除雪的主要方式有人工除雪、融雪剂除雪和机械除雪三种，其中以机械除雪方式为主。人工除雪适用于小雪，重难点路段，收费站口，尤其是对入冬第一场雪采用人工除雪的效果较好。但效率低、费用高，影响交通通行及行车安全，不能长时间作业；融雪剂除雪适用于雪量较小、气温较高、入冬入春期，对易融化结冰路面的除雪效果尤为显著；机械除雪适用于对中大雪进行大面积机械化清除作业，其效率高、耗用低。虽然基本不影响交通，可全天作业，但对冰面清除不是很彻底。

①在道路构造、沿路条件以及气象条件等不能使用除雪机械的时候，必须采用人力除雪。另外，处理设置在斜坡上的防雪栅、防护栏以及隧道和出现在洞门等出入口的上部的雪堤时，因为使用机械非常困难，所以必须使用人力运用各种工具进行除雪。作业注意事项：人行道、公交站点除雪时，注意不要让除雪工具碰伤行人；在跨线桥上除雪时，注意不要让雪掉到下面的路上；到高速公路出入口、洞门、隧道的坑口等地方作业时，要确保作业路线（即地点是可到达的）；作业人员一定要配备安全绳；要配备交通引导员和施工负责人，时常和作业人员保持联系，确保安全；为了防止斜坡作业时发生危险，要减少操作人数。

②在雪前、雪后向道路、桥梁等撒布融雪剂。融雪剂的作用机理是降低冰雪的冰点，使雪粒子融化成水，进而排入到路侧的沟中。适合于融雪的化学药剂从化学组分来分主要有氯盐类、醋酸盐类和新型环保类。传统型氯盐类，如

氯化钠、氯化钙、氯化镁、氯化钾等，价格较低廉，但对桥梁、路面和车辆的腐蚀作用较严重，对土壤也具有板结作用，影响植物的正常生长。我国是发展中国家，氯盐型融雪剂在短时期内很可能仍需大量使用，因此，在一定时期内，氯盐型的融雪剂仍是我国城市、高速公路化冰雪的主要产品类型。

③我国对除雪机械的开发和生产较晚。目前，我国的公路和城市道路冬季除雪大部分仍处于传统的作业方式，即人工和小型除雪机具相结合的方式；高速公路和一级公路开始使用大型专用除雪机械进行冬季养护，但产品在数量和品种规格上还很少，其机械化程度和总体水平也落后于世界发达国家。除雪机械主要可分为推雪车、抛雪车、撒布车和吹雪机四种类型。

推雪车——通过车辆前端的推雪板，调整推雪板的角度，能迅速地将道路上的积雪推至路边，清除道路主干线上的积雪，清除宽度1.4～6米。用于城市及乡村地区，适用于各种公路、高速公路及机场。铲式（或称犁式）除雪机是其典型代表，其用推雪铲推移路面积雪，适用于中等厚度以下的新鲜雪，只能解决路面积雪影响通行问题而不能集雪，制造成本和运行成本均较低。

抛雪车——对于大量堆积或积层的雪、雪墙，通过动力驱动的切雪和抛雪设备，把积雪抛至远离道路的地区。用于清理雪墙，刮除较厚的积雪，或在山区及机场用来取得高质量的清理效果。旋切式除雪机是其典型代表，其包括铣刀型、风扇型、螺旋型三种类型，对路面积雪具有切削、集中、推移和抛投功能，既可以清除路面积雪又可以集雪，可用于较大厚度的新鲜雪和压实雪。

撒布车——通过动力驱动传送设备，采用可自动控制撒布范围及撒布量的控制执行设备，能向地面均匀地撒面盐、沙、融雪剂等物质，用于北方清理公路及机场的积雪和冰，便于雪融化及防止雪的堆积和结冰。

吹雪机——通过采用高速（热）气流吹除积雪，热风来自退役的航空喷气发动机，喷口热风温度在400℃以上，可造成6～12级的强大风力。强劲的热气流使积雪在瞬间被溶化吹走，除雪宽度可达30米，除净率最高，不留任何残雪，对路面无任何损坏，是威力最为强大的机械式除雪机，但其制造成本和运行成本均较高，目前用于机场跑道除雪，随着经济发展，必将用于高速公路，成为威力最大的除雪设备。

（2）对应不同路面情况的除雪作业可以按以下方式分类：

新雪除雪——路面积雪达到一定程度时除雪。

路面修整——除去因积雪而引起的路面凹凸不平。

压雪处理——除去伴随积雪融化引发的行车障碍。

扩幅除雪——预备下次除雪，除去第一次的堆雪。

撒布防冻剂——为了防止路面结冰撒布防冻剂。

撒布防滑剂——为了防止路面打滑撒布防滑材料。

2. 雪灾治理

不同类型的雪灾治理的方式也各有不同，但都在机械清除、工程治理和生物治理三种范畴之中。有的采取单一措施，有的则把几种结合起来。如公路雪灾治理，就采取了工程治理为主，生物措施与机械清除配合的综合治理方针。多手段综合治理的方式是雪灾治理的最好选择。

（1）风吹雪防治：解决风吹雪的危害首先应从路线布线着手，路线首先要选择最有利于风雪流通过的地形开阔、地势较高、起伏较小、气流顺畅、输雪量小或山坡的迎风坡脚等处。风向和路线夹角越小，受到的危害会越少。当地形受到限制时，应尽量使通过雪害路段的长度最短，危害最小。在无法避免风吹雪的路段可采用生物、工程及两者相结合的方法，即阻、固、输综合防治措施。此外由于风吹雪情况复杂，同时兼有自然降雪的危害，防雪设施仅能减少灾害，不能完全消除灾害，所以机械除雪作业必不可少。

防雪林——生物防雪林防治雪害不仅能减少风雪造成的视距不良、积雪阻车等危害，而且因截获了大量的固体水，能美化环境，保持水土，有利于当地生态环境，特别对缺水地区，它的应用有着很深远的意义，目前多雪国家都在增加防雪林防护以代替工程防雪栅栏等防雪方式。防雪林设施在早期需要投入资金进行灌溉和养护，防止盛夏枯死和冬季动物啃食以及病虫害，使其逐渐长大成林。

利用防雪林防治风吹雪主要是防止积雪在路面产生堆积及减少输雪量，提高能见度。首先来自雪源的风雪流在林带中部及其前后沉积雪粒，减少了输雪量，起到储雪、阻雪作用；其次风雪流通过林带时，风速被减缓，风雪流被净化，可减少过路风雪流的浓度，提高能见度。

防雪林的效果不仅和林带总幅宽有关，同时和树种、树高、树林密度以及树林内部结构情况及与公路的距离都有很大关系。防雪林总宽度由风雪流的输雪量确定，一般应在60~150米以上。防雪林应由许多窄而密的"小林网"构成纵横交错的防雪林网，防雪林应满足密、匀、高、窄四点要求。为了有良好的防雪效果，防雪林应做到乔、灌、草相结合，合理搭配，形成多道林带，各带之间应留出存储积雪的空地，提高防雪功效，林带间距设置以有利于风雪流沉积、林内不产生风蚀和水土流失为原则，以20米为标准间距。

防雪林的树种应根据实际因地制宜，一般希望其具备下列条件：容易生长；耐旱、抗寒、防风倒，耐密植，树冠强壮，树枝茂密，下部不易腐朽。在北疆地区，一般选择沙枣树、榆树、杨树等树种及红柳等灌木合理搭配栽植。

防雪栅栏——防雪栅栏一般设置在道路的上风侧，在其前后可堆积风积雪，降低其上风侧靠近栅栏处的近地表风速，形成风涡流，使跳跃雪粒静止并形成堆积，减少上路输雪量。防雪栅栏可用铝合金、钢筋混凝土、混凝土、砖、石、土块、篱笆等各种材料制成各种各样的形式，栅栏前后形成的积雪形状及大小

同栅栏的密度、高度及栅栏与地表的间隙有很大的关系。

阻雪堤——阻雪堤是就地用土堆积形成的不透风土堤，其功能和栅栏类似，起储雪、阻雪作用。

（2）山区道路雪崩防治。根据研究，目前有稳、导、缓、阻四种工程类型来防治山区道路雪崩。具体方式如下：

稳，即采取工程措施，把积雪稳定在山坡或沟槽的集雪区里，不使雪层移动而形成雪崩危害。此类工程有水平台阶和稳雪栅栏两种。其布置均应从雪崩源头开始，以一定间距沿等高线逐级排列。稳雪栅栏可根据具体情况分若干种类。

导，即采取工程措施，把雪崩运动路线加以改变，使其在公路上空而过，或将雪崩雪导向公路内侧，不致堆积在道路上。导雪堤和防雪走廊属此类工程。导雪堤可用土石构筑，或片面压枝、铁丝笼装石头构筑。如果上述材料都不行，也可用混凝土构筑。采用此类工程时，必须有足够的堆雪场，分布于道路内侧。

缓，即在雪崩运动区，设置一种障碍物，以便减缓雪崩运动速度，使其在远离道路的地方堆积下来。此类工程主要是土丘和楔。

阻，即因地制宜地设置一些阻止雪崩向下运动的工程。如铁丝网、排桩、拦雪坝、阻雪栅等。

（3）牧区雪灾防治：

①减少牧业人口。

作用：减少牧业从业人口和牧业管理人口。牧业从业人口少—牲畜数量减少—草场得到恢复、草的高度增加、牲畜膘情好、草量充裕—达到了抗御雪灾的目的。牧业管理人口少—行政支出少—税收低—牧民富裕资金多—增强了牧户自身防灾、救灾能力。

办法：第一，禁止向牧区移民；第二，计划生育；第三，精简机构；第四，加快牧区城镇建设；第五，发展牧区第二、三产业；第六，提高牧区高考升学率。

②增加科技投入。增加科技投入的关键是要增加对相关科研机构的投入，加强对抗御雪灾的科学、技术的研究和应用。具体有以下几部分：

雪灾天气是一种自然现象，不以人的意志为转移。因此，只能是在雪灾天气来临之前做好准备工作。要想做好准备工作，必须有两个条件：一是准确预报，二是必须及时接收到预报信息。要想做到准确预报，必须有一流的技术设备和一流的专业技术队伍。要想及时接收到预报的信息，也必须借助现代通信手段。雪灾预警是雪灾防御的关键。

增加牧草的高度和密度可以化解灾情，使大灾变中灾、中灾变小灾、小灾变无灾。增加牧草的高度和密度，等于增加了草的产量，既可以使牲畜在灾前

增肥增重，增加体能，增加抗御雪灾的能力，又可以增加草料储备，在雪灾之后牲畜不至于受饿而死。

培养抗寒能力强的牲畜。现代科技日新月异，科技的新突破往往会使许多无法解决的困难迎刃而解。因此，抗御雪灾也应该着眼于生物科学技术的突破。

储存牧草是防备雪灾的重要环节。以往的储存方式是晾干，垛在一起，这是最简单的储存方式。应该研究使牧草的营养成分既不流失，又使牧草体积小便于储、运的方式。

棚圈建设可以解决牲畜保暖的问题。棚圈建设的目标是追求保暖和低成本。设法研制易携带型棚圈。

草原最大的问题是缺水，有了水，既能扩大可利用草场的面积，也能提高单位面积草场的产量。因此，应加强草原水资源利用问题的研究，勘探地下水（打井），有效储存地表水（修建水库）、人工降雨等，多方位地开发水源。同时，研究、普及节水技术，做到开源节流。

③转变牧业生产方式。"放牧"是传统的牧业生产形式。以往（包括本文前面的内容）人们探讨的抗御雪灾的种种方法、对策，都是在"放牧"的前提下进行的。饲料储备、棚圈建设等，都是在雪灾来临时对放牧的一种补充。既然储备的饲料和准备好棚圈能够抗御雪灾，不如尝试转变牧业生产方式，由"放牧"转变到"舍饲"，像农区的牛、羊一样，全天候圈养，就不会受到雪灾的威胁了。实现了"舍饲"，有以下几个优点：杜绝过牧现象，恢复草原植被；减少雪灾预警的投入，节省经费；牧民可以完全定居，有利于提高牧民的生活水平；加快牧区现代化进程。

应急终止

1. 终止条件

确定重大暴雪灾害天气结束，且在将来的相当长时间内没有再发生的征兆，由雪灾造成的威胁和危害得到控制或者消除。满足以上所有条件方可采取应急终止措施。

2. 终止程序

Ⅰ级应急响应的终止，由发布启动Ⅰ级预警的国务院应急办公室根据重大暴雪灾害天气发生、发展趋势和灾情发展情况，决定是否终止应急响应。

其他级别应急响应的终止，由发布启动预警的气象灾害应急指挥机构根据重大暴雪灾害性天气发生、发展趋势和灾情发展情况，决定是否终止应急响应。应急响应决定终止，应当及时向本级人民政府报告。

应急响应终止后，气象灾害应急指挥机构应发布结束应急状态的公告。

雪灾的防护措施

雪灾发生时，会造成十分严重的后果。为了将灾害造成的损失降至最低，要在灾前或灾害发生时及时而积极地采取相应的防护措施。

1. 牧场面对雪灾时的防护措施

积雪可以把数万平方千米的草场覆盖掉，当牧场遭遇雪灾时，最直接的受害者就是牲畜，相应的措施是：

冬天是雪灾的多发时节，要为人畜准备好充足的干净饮水、食物。

为了让牲畜安全越冬，可以通过轮牧来解决。

要随时关注天气预报，一旦收到会有雪灾发生的预报，就要提前为牲畜准备足够的吃的，有丰富营养的草料。

小的、雌的、体弱的牲畜是雪灾中最易受到伤害的群体，为了让其能够顺利度过暴雪天气，应该建造密封性好的阳光房，在里面，就算不生火，也照样温暖如春。

2. 农场面对雪灾时的防护措施

为了防止次生灾害的发生，因雪灾造成危害的农场工作人员要尽快转移到安全的地方。

雪灾对蔬菜、农作物等的成熟有一定的影响，所以，要在雪灾发生前对其采取一定的御寒保温措施。

要注意高压线被雪压断后掉入生活区或河水中致人触电的可能，及时而迅速地抢修被雪压倒的电线杆和被毁坏的变压器等物。

为了将灾害造成的损失降至最低，要迅速采取一定的生活自救措施。

3. 大棚种植在雪灾时的防护措施

雪灾会对大棚造成不同程度的损害，为防止冷空气侵入大棚和积雪压塌大棚，应该采取多种防护措施。

在风雪到来之前检查大棚是否完好，要及时修补塑料薄膜上的破洞，防止冷空气侵入。

用土把塑料薄膜与地面相接的边缘压实。

在大棚北面用秸秆堆成防风屏蔽，帮助抵挡寒风。

在大棚顶上盖上草帘，也可以起到一定的保温作用。

对积雪较厚的大棚及时清扫，最好做到随下随清，防止积雪压塌大棚。

加固对大棚的支撑，防止大棚不堪积雪重负而倒塌。

开沟排湿，加盖小拱棚或地膜。可以增加植株生长小环境的温度和地温，提高抗寒能力。

为了防止雪天增加棚顶的压力，大棚顶部坡面建造不要太缓。

国外应对雪灾的成功经验

日本：鼓励"自救"

日本是海洋性气候，降水丰沛，在北海道和北陆等东北部地区雪灾比较常见。但是相比台风、海啸、地震，雪灾在日本人眼里只是小灾。在日本北方人汽车的后备箱里，少不了的就是轮胎防滑链，而当地政府的一项重大任务是定时出动推土机式的扫雪车，保证交通干道的畅通。在日本北方，房顶造得非常瘦削，以避免积雪压塌天花板。而在日本南部，降雪也会造成问题。因为下雪即化，于是路面积水，继而就可能结冰，这是日本冬季交通的大敌。不幸的是日本地势崎岖，颇多坡路桥梁，使这种危害越发严重。日本人为此研制出了不少的除冰车。但更实用的方法却在路边，在日本公路多坡、桥的地方，路边常可以看到一个个黄色的塑料箱，造型仿佛救生艇，标明是日本政府的财产，有"自由取用"的字样。下雪天，经常会有日本人带着塑料桶，从这种箱子里面用铁锹取些白色的晶体装走。这些塑料箱里装的都是化冰剂，主要成分就是盐。但它为什么可以自由取用呢？这是因为日本住宅拥挤，有许多小路极为狭窄，很少会有外人走动，政府除冰雪的车辆去这种地方又困难又不经济。而免费提供化冰剂交给居民自己去撒，居住区的路面通常都保持得很安全。表面上看白给化冰剂是吃亏，实际上算一算扫雪的人工费，日本政府其实是赚了。日本在教育国民方面投入大。近年来，日本成立了"防灾省"，中央政府设有防灾担当大臣，建立了从中央到地方的防灾信息系统及应急反应系统。由于地震频发，不少日本人都经历过地震，在震后能够保持镇静，得益于日本长期投入巨资进行的国民教育。日本全国各地的地震博物馆都免费开放，市民们能够亲身体验到 6 级地震发生时的状态，并学习应急对策。常年宣传普及之下，日本人在起居生活中都格外注意消除安全隐患、保持逃生通道畅通。

德国：严格依法行事

早在 20 世纪 90 年代初，德国就已建立起完善的雪灾预警和应对体系。联邦和各州都组建了雪灾防治中心，由气象、电力、交通等部门共同组成，对雪灾及其他紧急情况进行预测和监控。此外，德国民间也有提供各类气象服务、应急服务及扫雪服务的商业公司，可以在冰雪天气时为民众提供服务。

德国是一个汽车大国，在大约 8200 万人口中，仅私家轿车的保有量就超过 5000 万辆。大雪之后，如何防止市区出现严重交通拥堵，就成了城市管理者必须解决的问题。德国交通法规定：如果雪后车主将车辆停靠在主要街道两旁导致交通受阻，就将面临数百欧元的罚款，同时还得自掏腰包支付拖车费用。

此外，德国各州还就大雪过后道路的清理工作制定法规。例如，柏林州在《道路清扫法》中将柏林市区及周边乡镇上千条道路详细编号，并按照重要程度和路面冰雪的危险程度分为三个等级，降雪后首先要清扫包括市区内的主干道、十字路口、道路转弯以及公交线路等最高等级道路，而非主干道、公路辅路或连接乡村的公路等可以延后清扫。

北莱茵—威斯特法伦州雪灾防治部门表示，在该州各主要城市市区内有2200 多条道路，另外还有 2 万余千米的高速公路和乡村公路。州政府多年来制定了详尽的应急方案，下雪后这些道路都会及时得到清扫。根据应急方案，全州每年冬天都需要有700多辆扫雪车整装待命，同时还有210个仓库储备了12万吨融雪盐。

除了市区机动车道的清扫，德国法律对城市人行道的雪后清扫也有具体规定。德国大部分州和城市的法律都规定，11月15日到3月15日为"冬季时间"，市区的居民需要准备雪铲、扫雪车以及沙土、锯屑、碎石子等材料，房主或租住房屋的人有义务清扫房屋附近的人行道，否则将受到相应处罚。

对于人行道清扫的时间和方式，法律还有更为详细的规定。比如柏林市规定在早上7时至晚上8时，下雪后人行道必须立即被清扫，而在周日或节假日可延后2个小时清扫。

法律甚至还规定，居民在清扫时只能使用扫雪工具，禁止使用融雪剂，以免对道路旁的青草和树木造成伤害。如果路面出现冰冻，还需撒上沙土或锯屑等。如果自家门前的道路在规定的时间内没有及时清扫，就将面临少则几十欧元多则高达1万欧元的罚款。如果房主没有扫雪而致使他人在自家门口摔倒，要负法律责任并承担"受害者"的医疗费用。

除了对道路雪后清扫有严格要求，德国城市管理者还把雪后驾驶安全的责任落实到每个司机身上。如果你要在德国学开车拿驾照，一定会对其冬季驾车的严格训练印象深刻，这包括实地冰上驾驶训练、冰雪天刹车距离计算、识别道路冬天限速标志等一整套内容。德国还有一项严格的规定，所有的汽车在冬天到来之前必须换上专门的"冬季轮胎"，这种轮胎的纹路和厚度更适合在冰雪地上驾驶。此外，德国人普遍的驾驶常识还包括，车主需要在汽车内备有一系列的安全工具，比如急救包、换洗衣服、靴子、帽子、手套、毯子、不易坏的食品、水、手电筒及应急药品等，这在发生重大雪灾时将起到十分重要的作用。

德国的灾害预防机制由多个担负不同任务的机构有机组成。救灾所需的经费，主要由保险公司、红十字会、教会和慈善机构承担，联邦政府承担的部分相当有限。德国也很重视普及、加强公众防灾意识，在中小学开展灾害预防教育。同时德国还重视环境管理与生态保护工作。

德国普通民众的防雪灾意识也很强。民众从孩提时代就接受安全教育，许多小学都开设专门的课程教育孩子如何应对大雪等各种自然灾害。这样，民众在应对恶劣天气时就不再单纯处于等待救援的被动状态，而知道如何进行自救和相互救助，减轻了政府的负担。

加拿大：举国协作清理积雪

加拿大清理积雪保障道路畅通的责任主要在各省市政府。其中省政府负责辖区内高速路，市政府负责市内道路，但位于国家公园内的高速路路段则由联邦政府负责。据统计，加拿大全国每年清雪费用高达 10 亿加元（约合人民币 71.7 亿元），各级政府也都有专门的年度清雪预算。各省市都常设清雪机构，与私人清雪公司协作防灾。加拿大清雪基本靠机械化作业，每个城市都配有系统的清雪设备，如铲雪车、撒盐车、融雪车、扬雪机、运雪车和除冰车等。铲雪车又分为主路铲雪车和人行道铲雪车。加拿大清雪不仅有轻重缓急之分，还有时间要求。最优先清理的道路是高速路和城市主干道，其次是高速路辅路、公交路线和有坡路段，最后是其他街道。高速路和主干道的积雪，一般要求在雪停后 2 ~ 4 小时完成，高速路辅路和公交路线则在雪停后 4 ~ 6 小时，其他道路最迟不能超过雪停后 24 小时。专门人员从每年 12 月到次年 3 月都会紧密跟踪天气预报，并在所辖范围内 24 小时巡逻，实时监控路况，一遇紧急情况，启动相应方案。为把暴风雪的影响降到最低，加拿大各省市特别注重调动全社会的配合和参与。加拿大环境部网站不仅每天分时段公布各地市详细的天气预报，还提供未来一周的每日天气预报，并及时发布暴风雪等极端天气警报。同时，各省市都设有免费的实时路况信息热线。电台和电视台一般是每隔半小时播报一次当地天气

和路况情况。各省市也都把清雪的预算、作业程序和标准以及投诉电话等公布在其官方网站上，供公众监督。

对于雪灾所致的财产损失，加拿大居民可以通过购买屋主保险获得保障。其屋主保险保单责任范围较广，可以赔偿三类雪灾损失：一是由折断的树枝和倒塌的电线杆所致的财产损失；二是因断电所致的财产损失，这些损失主要与抽水机和冷藏柜无法正常工作有关；三是因断电被迫撤离所带来的额外生活费用损失。加拿大各省市还常常通过多种方式向公众介绍防范冰雪天气的知识和技巧，如：

进入冬天前给汽车更换雪胎；

跑长途时，及时查看天气预报和路况、合理安排旅程；

汽车内要常备水、急救药物、手电筒和打火机等，后备厢要常备防冻液、小桶汽油、雪铲和小包装的盐或沙子；

若有暴风雪预报，尽量少开私家车，多坐公交车，并储备 48 小时用的食物、药品和水等。

美国：提前准备应对暴风雪

美国暴雪灾害预报发布的时间较早，许多城市的公共交通、环卫部门紧急行动起来。新泽西州交通局准备了 600 辆扫雪车，并准备随时再雇 1100 辆车，

该州还准备了 15 万吨除雪剂，并在大雪到来前开始往道路上撒。暴风雪来临前，纽约市政府会建议当地居民在周末将车辆停放在远离主干道的场所，以方便扫雪人员迅速清理主要路面。纽约政府取消环卫工人假期，坚守岗位应对风雪。肯尼迪国

际机场增添扫雪设备，每小时能至少清除 500 吨积雪。华盛顿政府警告如果将车辆停靠在主要街道而阻碍交通，司机将面临 250 美元罚款同时需自掏腰包支付拖车的费用。波士顿政府为需要者提供栖身之地。费城政府敦促居民帮忙查看近邻亲友中的老年人，以确保他们的温饱。

另外，美国在小学开设专门的课程教育孩子如何应对各种自然灾害。这样一来，民众在应对恶劣天气的过程中就知道如何进行自救和相互救助了。以 2005 年美国东北部暴雪为例，尽管雪灾造成 15 万户停电，但由于人们早就做好准备，家中储藏了防寒物资，因此并未对人们生活造成很大影响。

瑞士：技术至上保安全

瑞士是世界著名滑雪胜地，也是雪崩频发的地方。为此瑞士境内不少滑雪场都设立防护、监控及警报系统。位于达沃斯的瑞士联邦冰雪和雪崩研究所是世界上仅有的两家专门研究所之一。这个研究所在阿尔卑斯山地区设立多个远程自动观测站，站内配备测量风速、积雪厚度和温度的仪器。观测站收集到的数字传送到达沃斯之后，研究所进行分析，每天两次向公众发布雪崩预警报告。瑞士一家体育公司向滑雪爱好者推出名为"生命包"的气囊滑雪服，类似救生衣。遇到雪崩时，使用者拉下自动充气装置拉绳，气囊开始充气，为使用者提供头部保护，保证使用者在随崩塌的积雪下落时不发生翻滚，头部始终向上。这样可以避免使用者头部受猛烈撞击而死于昏迷。这一整套气囊重 3 千克，颜色鲜艳，便于救援搜寻。一旦被埋在雪下，气囊中储存的约 150 升空气可作氧气补给，延长使用者存活时间。

法国：发布气象安全图

法国政府在救灾过程中强调公众知情的重要性。灾害发生后，政府要及时发布相关信息。加强早期预警，对灾害风险进行确认、评估和监测。早在 1995年，法国政府就颁布了"95/101 法"，标志着国家自然灾害防御政策发生了重

大转变，预防性原则成为该法案的最基本原则。法国气象部门建立起气象预警机制，发布全国"气象安全图"，将天气情况分为四个安全等级，每天至少更新两次。除通过互联网，气象部门还通过电话应答和电子查询系统自动播出危险警告，并向报纸、广播、电视等媒体及时提供气象信息，并发出警报。

值得一提的是，法国还有发达而成熟的自然灾害保险制度。1982年7月13日，法国国会投票正式通过"自然灾害保险补偿制度"，这是法国国家巨灾保险体系的开端。此后，法国"自然灾害保险补偿制度"在实践中不断修改，居民可以对自己的不动产等购买保险，这样灾害来临时可由保险公司承担赔偿责任，减轻了国家在自然灾害中的责任。

英国：气象预警是重点

英国应急防灾机制由中央和地方共同建立。一旦发生灾害，英国政府会调动所有应急机制提供急救和支援。英国气象局将"全国恶劣天气预警服务"作为工作重点，该系统可以在短时间内，通过因特网、电台和电视台向英国13个区域提供极端天气信息。

新加坡：救灾看重志愿者

新加坡民防部队是国家紧急预案处理的先头部队，承担着提供消防、救护、营救、强制执行消防安全法规等一系列职能，由正式官员、专职国家公务员、民防公务员和志愿者组成。民防部队可以调配军队支援、国民动员、物资调配、信息传播、医疗救护等各种支援。一旦国家发生灾难或战争，民防志愿者还可立即转为全职民防职员或国家公务员。

俄罗斯：应急部门管得宽

紧急情况部是俄罗斯几大强力部门之一，它的全称是俄联邦民防、紧急情况与消除自然灾害后果部。俄罗斯紧急情况部是俄罗斯效率最高、最忙碌的部门之一，它不仅要负责俄境内的救灾工作，还要向美国新奥尔良灾区提供援助、帮助阿富汗战后重建；俄境内出现恐怖活动，这个部门也首先赶到现场救援。此外，紧急情况部还要负责教育国民如何应对突发危机。

芬兰：要求"即时除雪"

芬兰地处北极圈附近，冬季漫长，气候条件有时十分恶劣。特别是在大雪纷飞的天气情况下，如果不采取有效措施及时清除路面积雪，积雪经过车辆反复碾轧后很快会被压实，而当气温低于0℃时路面就会结冰，给过往车辆和行人带来很大的安全隐患。因此芬兰政府要求"即时除雪"。"即时除雪"就是根据天气预报，在降雪时，做好撒盐融雪、撒沙防滑以及机械除雪等工作，保证道路畅通。

雪崩来临时的预兆

1. 山区雪层不稳固的 35°~45°山坡预兆

在山腰中行走时，如果听到冰雪破裂声或隆隆的声音，那么这正是积雪正在下滑的声音，这时候，你需要马上观察所处的位置与雪崩的距离，然后设法躲开雪崩的行进路线。

大雪之后，尽量避免到山区行动，尤其是经常发生雪崩的地区。也可以通过地貌特征来判断雪崩易发地区，如山坡上有雪崩大槽，山脊上有雪檐，山坡上方有悬浮的冰川等，这些地方都是雪崩易发生的预兆，要避免在这些地方活动。

2. 冬季山区大量的降雪常伴有大风

冬季出现大量降雪，并伴随大风现象，这种天气最易形成雪崩。一定要提高警惕，最好不上山，远离山区，如果已经在山上，最好马上选择安全路线下山。

如果雪崩已经发生，也不要慌乱，要保持清醒的头脑，待在车里，沉着应对。

雪崩发生时，要尽量抓紧山坡旁如岩石之类稳固的东西。这样即使有段时间身陷其中，但当冰雪泻完时，便可脱险了。

如果已经发生雪崩，而且不幸被积雪埋没时，应在雪中努力做游泳的动作，这样会一点点、慢慢地破雪而出。

如果大雪把你完全压住了，根本动不了时，应尽量将口鼻处挖一个小空间，让自己能够保持正常的呼吸，然后不要动，耐心等待救援。

雪崩预报方法

雪崩有各种各样的形成原因，相应的也有多种预报方法，详述如下。

1. 因果直观预报法

野外一般都采用这种直观的方法，用来判断雪崩前兆现象，然后根据物理，主要是力学原理及其影响（例如降雪负荷引起断裂、雪内润滑层形成）判断雪的稳定性。输入的资料大部分都是定性的，或者只有部分是定量的。预测人员对当地气候和地形方面的了解很重要，再加上根据经验和专业技能知识做出主观判断，在实践中培养了预报员的预报素质。因为预报员主要靠的是自己的主观判断，所以，这种雪崩因果直观预报法不可以用来互相研究，只可做适宜参考。

这也是雪崩预测最简单的一种方法，根据积雪表面的状况，了解关于山坡积雪的知识，判断雪崩的不稳定征兆：

积雪断裂——说明积雪的连续性遭到破坏。这种情况很可能触发雪崩。断裂现象是雪板和干雪的特征。

雪球、雪滚和雪卷——出现这些雪体形态则说明山坡积雪处于一种不稳定状态，这也是湿雪的特征。

悬垂雪檐——说明积雪不稳定，发生断裂时就会有触发雪崩的可能。尤其是在山脊上的巨大悬垂雪檐，这更是雪崩危险的先兆。

水分含量较大——雪内水分含量较大是因为雪内连接脆弱。

密实风壳（雪板）——积雪四周有明显的较暗的颜色即是风壳，出现风壳说明这些地方存在雪崩危险。

大量新雪和吹雪——雪后，积雪上面覆盖了大量的新雪或者明显的由风吹来的不稳定雪层达 30~50 厘米厚，这也是很容易引发雪崩的现象。

在野外，滑雪人员、旅游登山和爆破小组都可以依据专业知识识别以上这些征兆，为预报雪内过程、消融引起的雪崩提供可能。

2. 积雪层结预报法

在雪崩预报中应用最久的、最常见的是积雪层结探测及其研究方法。主要是根据雪层的类型和强度，来判断雪崩的潜在威胁，再加上后来的天气因素就会使雪崩有从潜在危险转变为事实的可能。具体预报办法如下：

探棒试验法——用探棒进行探测是最简单实用的办

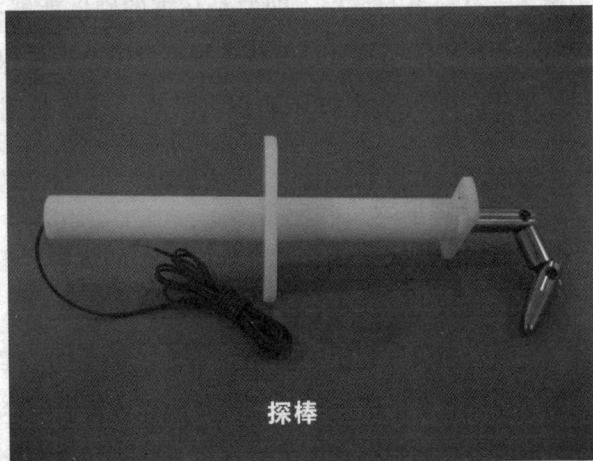

探棒

法。普通的雪杖也可以拿来作探棒之用。在阿尔卑斯山区则采用特殊探棒。探棒的应用可以获得以下积雪状况信息：积雪深度、下位地表特性、雪层和孔隙是否会对探棒贯穿产生很小的阻力等。根据探棒贯穿率、雪的贯穿阻力、伴随贯穿产生的声音、积雪深度和下位地表特征，观测员就能够根据自己的经验判断山坡积雪是否稳定。如果判断依据充足而合理，就能够提出正确有效的预报。但是，不足之处是：探棒贯穿的方法有很强的主观性，得到的相关资料也会产生人为的误差。

硬度测试法——利用硬度仪对积雪进行的测试，可以提供相对客观的关于积雪状况的信息。比如，利用积雪硬度的深度变化曲线和相应的积雪层结剖面一起分析，就能够为有无雪崩危险提供可能。这种方法不仅可以预报因积雪消融而产生的雪崩，更主要的应用是预报与降雪和雪暴有关的雪崩。

沉陷预报法——积雪强度的削弱也会引起雪崩，关于这种情况引起的雪崩，可以用掌握有关雪的强度随时间而降低的图表来进行预测，不过在野外时则不容易获得这些资料，而且这些参数还会随着积雪的变质作用而变化，也随温度和雪型而变化。所以，我们还要寻找预报这类雪崩，不需要用到积雪强度曲线的其他方法。这样的情况下，积雪沉陷预报法还可以合理利用。

积雪的沉陷有两种方式：第一，逐渐的塑性变形而没有任何的结构破坏；第二，突然不平稳沉陷，造成结构的破坏。一般位于上面的雪层没有足够的压力破坏含有深霜的雪层。即使是在雪的硬度能够承载上位雪层的重量情况下，积雪也会出现沉陷现象。造成这种现象的原因是积雪在恒定负荷下，时间越长，强度越低，导致结构破坏和积雪沉陷。仪器监测到沉陷，就表明脆弱层已经形成。

3. 气象预报法

任何的剧烈天气变化都会加剧雪崩的灾害性形成。变化越剧烈，雪崩灾害的可能性就越大。

气象台的天气预报信息也很重要。因为与大雪、雪暴、大雨、融雪、气温急剧下降等有关的天气预报，都可能导致雪崩的发生。

根据天气预报中特殊天气现象（如下大雪之前）的关注，以及对雪崩形成前的天气形势的分析，可以对整个山脉或山脉的部分地区进行雪崩预报。

也可以直接根据气象要素和积雪变化的观测进行雪崩预报。根据如下：雪崩不是在天气变化之后很快发生的，还需要一段时间的雪内诸力之间相互作用，同时，我们可以利用这个时段形成的时间差来评估这些变化。在雪崩与气象要素有直接关系的情况下，这个时段较短，因此我们可以利用的做出预报的时段也较短。如果雪崩起因于气象要素和雪内过程的组合情况下，这个时段较长，做出预报的时段也较长。

4. 遥感预报法

现在，随着科技的发展，雪崩预报也可以利用高分辨率的卫星和航空图像技术来获取山坡积雪数量及其分布信息，这样就可以为地区雪崩形势预报提供依据。遥感监测能够即时提供大范围的积雪动态资料，这种方法具有其他方法所不具备的作用。此外，积雪监测传感器在雪崩预报中的应用也越来越受到重视。最近，专家开始试着研究利用力学、声学和电磁学传感器来测定积雪向不稳定状态的过渡情况和判断雪崩的断裂时刻。积雪过渡到不稳定状态时，特别是在断裂时，处于复杂应力状态。这时，一般的振荡信号的背景上会出现不同波段信号的声音，但是采用这种方法也有一定的难度，因为目前还没有专门为此目的研制的仪器和判识有用信号的方法。如果采用这种方法来进行雪崩的预测，则预报信息没有时间上的预先性，它只是在雪崩预报自动化系统方面具有一定意义。此外，全层雪崩的发生还有一个很重要的预兆现象，那就是积雪滑动现象。日本学者根据这一原理，预先在山坡表面埋好探测器——齿轮型滑动尺，用来测定积雪滑动速度，以便及时预报雪崩的发生。根据观测结果得出这样的结论：尺的滑动速率正好会在积雪断裂之前急剧增加。于是，我们可以利用这一结论现

象，进行雪崩预报。用这一方法预报雪崩释放时间非常好，而且很实用。但是，需要结合气象和雪状况的观测同时进行。

5. 统计预报法

根据过去积累的大量的积雪、天气和雪崩资料，我们用数理统计的理论和方法，如概率论与回归法等来进行检验，找出雪崩发生的统计规律，确定有关参数对雪崩的影响作用。

如果涉及的是大范围地区的雪崩监测时，那么这种统计方法非常有用。有的雪崩其实是随机产生的，但是这些雪崩的发生时间和广泛分布的观测站网报告的气象天气有关。所以这种统计方法对特殊类型雪崩的预报也是有效的，而且比较客观科学，便于各种相关信息的交流。

6. 数值预报法

数值预报法因为电子计算机的广泛使用而在雪崩预报中得到普遍推广。数值预报的方法是采用数学方程的数值解来预报雪崩特征变量。例如，根据预期估测的雪崩体积预报，可以建立包含气象参数，尤其是积雪和降雪因子与雪崩路径形成区地貌测量学参数在内的预报模型，其中还需加入雪崩活性特征参数。挪威有学者按照地形参数建立了一个回归方程，用来计算雪崩可能的最大抛程，为挪威军队演习使用提供相关依据。

7. 综合预报法

综合预报法是最有发展前景的雪崩预报法，会在不久的将来得到广泛的应用。这种方法是从广泛分布的报告网中收集资料做出地区雪崩危险预报。个人的观测经验和因果直观技术都在这种方法中得到合理的应用，能使各个地区的雪崩预报在准确的基础上更加的精确。综合预报方法能够有效地发挥预报人员的主观技能，出现异常条件时，能够灵活地根据实际情况进行变通。

8. 归纳推理预报法

实际用于雪崩预报的归纳推理，依据其信息理论原则，一般有两种方法的应用可以将雪崩预报实践中的误差降到最小，这两种方法分别为逐步逼近预报法和多余信息预报法。

逐步逼近预报法：逐步逼近预报法的根据是整个冬季积雪稳定性评估的进程，而这种积雪稳定性评估在很多情况下，每天都需要进行订正。如果现在的天气条件影响到以前的评估结果时，需要遵循以下原则：先验理解很重要，要把误差减小到最低限度。预报员追求的理想目标是达到先验理解的极好状态。在实际应用中，每天先验理解的不足会得到新资料（包含雪崩产生的报告）的弥补，通过逐步逼近成为次日先验理解。这种做法已经在预报中心得到应用。如此看来，这种方法最适合在地区或者地方预报中心采用，这些地方能够进行冬季连续的积雪稳定性评估。逐步逼近预报方法还有一个基本原则：不管是任何路径还是任何时候，每次雪崩预报都要从冬季第一场雪开始监测，一直持续到积雪完全消失为止。

多余信息预报法：减小误差的另外一种措施是多余信息，这种误差与从自然状态到预报人员在预测过程中出现的不理想资料流程一致。我们可以通过多

次重复来减小资料传输中的误差；如果是对雪的稳定性没有进行深入的研究，那就通过对描述积雪结构、力学或者天气要素的资料源进行多次强化的方法进行深入研究。单个资料要素也许不够客观公正，我们可以采用多个要素放在一起的方法以达到减小误差的目的，然后才能做出比较客观准确的预报。要素叠加和相互补充在雪崩预报中频繁出现以及预报人员以这样的决心进行探寻，以致这种方法在归纳推理中必定起着重要作用。常用的预报方法可以在多余信息的基础上，出现足以存在若干归纳推理途径。所以，我们可以采用一种以上的方法进行雪崩预报。

雪崩两种预报方式

1. 确定预报和概率预报

雪崩有确定预报和概率预报两种方式。确定预报，顾名思义，不需要再进行解释。而概率预报是指特定时段内对某一地点出现雪崩可能性的预报。根据这种预报我们得出的是雪崩危险形势、雪崩危险期，或者山坡积雪稳定参数的临界值。

2. 定量预报和定性预报

雪崩预报按其方式，还有两种分法，即定量预报和定性预报。定量预报提供的信息主要是雪崩危险期开始和雪崩产生时间等方面的数量信息，而定性预报则不能精确地断定上述参数的数量信息。到现在为止，我们已经能够制作所有类型雪崩的定性预报，还能够得到和气象要素与积雪消融有关的雪崩定量预报。但是和雪内变质过程以及在恒定荷载下积雪强度降低过程等有关的雪崩的预报通常都有一定的困难，因为对这些过程目前还没有准确的定量描述，但这又是必需的数据。因此，在这方面仍有大量研究工作要做。

雪崩来临时选择合理的行走路线

对于经常出没雪崩地区的人员来说，选择行走路线极为重要。分析雪崩形式，了解有关地区的雪崩状况，结合各自的具体要求选择安全、正确的行走路线，要注意以下问题。

1. 积雪深度

山坡积雪为 30 厘米时，就有产生雪暴的可能。因为如果山坡雪深 30 厘米，吹雪地区背风坡积雪可能高达 1～2 米。如果该处积雪崩塌，可以触发坡下雪崩。调查结果显示，我国新疆天山、阿尔泰山雪崩临界雪深为 30 厘米。初步估计，我国东北和西南山区的雪崩临界雪深也达到了 30 厘米。随着雪深的增加，山坡积雪稳定程度减小，雪崩危险程度增加。

2. 地形条件

雪崩的状况因各地地形条件和地形部位的不同而有所差异，因此，雪崩的危险程度应根据地形特征来衡量。

坡向：风会把分水岭和邻脊带的迎风坡大部分积雪吹走，堆在背风坡地区。迎风坡积雪很浅，有的甚至地表裸露。即使有雪，也会被压得非常密实。背风坡积雪很深，有雪檐发育，增加积雪荷载。

阴坡的积雪比阳坡要深得多，雪崩的危险期也较长。同时，阴坡积雪有利于脆弱、松散的深霜。选择行走路线时，要优先考虑迎风坡和阳坡。倾角不大的迎风坡和山脊是登山通行的最有效、最安全的路线。为了安全，有时候需要绕道而行。绕道可能会消耗体力，浪费时间，但是为了生命安全，绕道也是值得的。

山坡倾角：小于15°的山坡，很少会发生雪崩。30°~50°的山坡是最危险的地方，多数雪崩会发生在这里。少数雪崩发生在50°以上的山坡。如果想高山滑雪，提倡在20°~30°的山坡上进行。在积雪不稳定时期，不要在陡峭岩面和30°以上雪坡逗留。

凹凸：凸坡积雪处于张力状态，发生雪崩的机会非常多，但遇难者被埋的机会比较少。凹坡积雪处于压力状态，发生雪崩机会比较少，但遇难者被埋机会却很多。

平坦山坡和深邃沟槽：通行的路线宁愿选择平坦、短促、可能雪崩的山坡，也不能选择漫长、布满露头、不大可能发生雪崩的沟槽。小型坡面雪崩，积雪荡涤一片，不会产生汇流现象。即使被雪崩掩埋，也不会很深。沟槽雪崩则与此相反。除此之外，岩石露头也会引起遇难者受到外伤。

3. 雪崩类型

雪板表面对于一些人很有诱惑力，因为人可以站上去，容易让粗心的人产生安全错觉。其实轻微的震动就能够触发雪板雪崩，爆裂声过后，大量积雪就会倾泻而下。雪停后，数小时之内，雪坡经常会出现轨迹类似拉长梨形的雪崩。这类雪崩速度不快，很少能达到 10 米/秒，对滑雪者来说危险不大，很容易逃脱。但是，为了安全起见，也应该尽量避开。无论大雪崩还是小雪崩，都有可能引起严重事故。

在雪山活动时要科学预防雪崩

现在越来越多的人都喜欢雪上活动，很多人也会到这些地方去旅游或者探险，但是在这些地方活动时一定要注意雪崩，遇上雪崩是非常危险的。因此在雪地中活动一定要注意一些特殊问题，以便能更好地预防雪崩。

高山探险者在进行探险时应尽量避开雪崩区，雪崩区最容易引发雪崩。如果实在无法避免，可采取横穿路线，切不可顺着雪崩槽攀登，这样可以降低雪崩危险。另外，在横穿雪崩区时，要以最快的速度通过，并且安排专门的监测者紧盯可能发生雪崩的区域，一有雪崩迹象或已发生雪崩要大声警告，以便及时采取自救措施，化解雪崩带来的危害。

穿越雪崩区时，还要注意时间上的选择，一般穿越时应选在上午 10 时以后进行，这是因为此时太阳已照射雪山一段时间了，若有雪崩发生也多在此时以前。但是雪崩的发生没有固定的规律，这样也只是相对减少危险。

大雪刚过以后或连续下了几场大雪后切勿上山，这时雪崩区一般都比较危险。大雪过后天气一般都很好，的确很适合登山，但这时太危险了，新下的雪和下面原有的积雪还没有黏在一起，积雪很不牢固，稍一施加外力就有可能引发雪崩，因此必须等待雪崩过去再上山。

高山上的天气有时会时冷时暖，这时最好不要进行登山活动。春天开始融雪时，积雪也会变得非常不稳固，此时也容易发生雪崩，登山时也要避开这一时间段。另外，要注意尽量不在陡坡上活动，因为雪崩通常向下移动，一定坡度的斜坡都有可能会发生雪崩。

高山探险时，无论是选择登山路线或营地，应尽量避免选择背风坡。这是因为背风坡容易积累从迎风坡吹来的积雪，这些地方更容易发生雪崩。寻找路线时，应尽量走山脊线，走在山体的最高处。如必须穿越斜坡地带，切勿单独行动，也不要拥挤在一起，应一个接一个地走，并保持一定的距离，这样可以更好地观察积雪层的变化，也是最安全的行走方法。

在登山或探险的过程中，还要时刻注意雪崩的征兆，雪崩发生前发出冰雪的破裂声或低沉的轰鸣声，也可见到雪球下滚或仰望山上时见到云状的灰白尘埃，这些都是雪崩的前兆，听到或见到这些前兆要赶紧离开此地，并做好逃生的准备。

雪崩经过的道路，也可依据峭壁、比较光滑的地带或极少有树的山坡的断层等地形特征辨认出来。另外，在进行登山或探险活动中，休息时不要大声说话，这样可以减少因空气震动而触发雪崩的情况。多人一起行进时，最好每一个队员身上都戴上一个醒目的标志，这样是为了在遭遇雪崩时易于被发现，有利于进行互救。

避免遭遇雪崩险情的安全措施

雪崩危害极大，要做好安全的防范措施，避免或降低雪崩的危害。

在雪崩危险期，如降雨、大雾、大雪、大风时及其后两天内和夜间，行人及车辆需要远离雪崩危险区，在此期间，不要在雪崩危险区附近活动。

不要单独行动，外出时，事先告知朋友你的行踪状况，最好多人一起外出，一定要在规定的时间内并按预定的路线行动，这样即使发生雪崩，也可以得到方便、及时的救护。

通过雪崩危险区时可以几人一组，带上必要的安全救护装备，做好防护措施，每人身上系上长 30 ~ 40 米的红、蓝等深色鲜艳的雪崩绳，每人之间隔开一定的距离，防止扎堆掉入雪洞。越过雪崩沟槽时，要一个一个地走，后面的人一定要踩着前面一个人的脚印走，这样最安全。

在通过雪崩的危险区时，衣服一定要安全保暖，戴上手套和口罩，防止被雪覆盖掩埋时引起体温过低或吸入雪尘而造成死亡。身上的装备器材不要系得太紧，必要时候可能随时都要丢弃。

和泥石流一样，雪坡刚发生雪崩后不久，此地一定不能久留，一次雪崩之后很有可能再次发生。如果有或大或小的雪球从变暖的松雪区自由滚动，这意味着深层的雪已经不稳定了，滚落频率渐快的话，一定要迅速离开现场。

我国雪崩防治与对策

我国雪崩工程治理必须符合经济、合理、有效的方针。对已建成的交通线路和厂矿区，在雪崩发生频繁且规模较大，同时道路等级又高时，应以工程治理为主，机械清雪为辅，逐步扩大植树造林，个别地段采取人工引发雪崩等综合治理措施。面对雪崩发生次数少、规模小且道路使用率不高的地区，则主要采取机械清雪的措施。在选择工程措施时，应注意就地取材，尽可能采取土石型工程（如土丘、水平台阶、土石型导雪堤等），以节省水泥、钢材和木材等材料，如采用土石型措施有困难时，可采用其他工程类型（如水泥柱铁丝网栅栏、浆砌石楔等），只有个别地段才选用遮蔽建筑物（如防雪崩走廊）等。

根据上述原则，我国公路工程技术人员和科研工作者，近 20 年来在新疆、西藏，尤其是在天山地区，通过中小型工程试验，积累了许多宝贵的经验。这些工程充分利用了当地土石材料；而少数山坡陡峻，土石工程施工困难地段，则设轻型钢木结构；在道路紧靠山坡且雪崩频繁、其他工程又难以奏效的地段，则采用人工建筑（如防雪崩走廊、防雪崩渡槽等）。在工程布设上，根据地形条件合理配置工程种类和类型，最大限度地发挥各种类型工程的最佳效应，使其防治的社会经济效益得以充分体现。并创出一条适合我国经济发展情况的治理雪崩道路。适合我国雪崩防治的工程类型可分为防、稳、导、缓、阻等主要类型（前文中已有论述）。

不同类型雪崩的防范方法

雪板雪崩

雪山上的很多雪板都有可能引发雪崩，这些不稳定且致命的雪板一般都位于 30°~45° 的坡面上。雪板雪崩对一些喜欢登山的人来说最危险，因为这些地方看起来比较安全，但通常由于体重的作用，会使雪板破碎，引起雪板雪崩。

雪板雪崩也可能由一些自然因素引发，雪板在发生移动的过程中，刮风就有可能引发此类雪崩。

避免这种雪崩的方法，就是在大雪过后让雪层之间冻结实再进行各种活动，但危险的雪板可能在很长的时间都存在。在进行各种雪上运动时要关注路面，如果在走路的时候听到有空洞声，就表明这里的雪层不结实，这时应尽快离开。

松雪塌陷

松雪塌陷一般都发生在山坡比较陡峭的地方，这种地方一般留不住雪板，因而时常会发生这种雪崩。松雪塌陷是可以预测的，这种雪崩在开始下雪后雪坡就会出现崩陷，因此在冬春时节刚刚下过雪以后，最好减少到积雪比较陡峭的地方去。

松雪塌陷雪崩比较小，产生的危险也不是很大，但是还是应该做好相应的防范。发生大的松雪塌陷时也很危险。

为了更好地防范松雪塌陷，登山运动者或者在雪山附近游玩的游客可以在看起来要下雪时，就迅速离开陡峭路线。如果在峡谷里或陡峭的坡面上遇到突降大雪，可就近在有遮蔽的地方保护自己。

湿雪下滑

湿雪下滑是湿且重的雪山表层雪发生雪崩，一般多发生在春夏雪山解冻时或夏天大风之后。这种雪崩一般比较容易预测，温度在0℃以上，雪山上的积雪就会融化，30°以上的雪坡就容易产生湿雪下滑。湿雪下滑多是因为夜间下雪没有被冻住，此时再施加外力就会发生这种现象。

湿雪下滑通常都是攀登者引发的，因此对攀登者来说比较危险。雪在下滑时一般都是由一个点向下成三角形扇面，因此在下方的人最危险，最容易被扫走。

为了尽量避免湿雪下滑，攀登者可以在夜里攀登，且在上午之前要离开雪坡，这样相对会安全一些。另外，如果多个人一起行走，一定要记得多为下方的人考虑，因为他的处境更危险些。

冰崩

冰崩包括冰塌和冰壁崩塌两个方面。冰崩通常都是因为中午的温度比较高且冰川不停运动所引发。冰崩发生以后，可以带来一系列的影响。冰崩可能会引发下方雪坡的大规模雪板发生雪板雪崩，从而导致整面山体都产生巨大的雪崩。

冰崩的后果非常严重。冰崩加上其引起的一系列雪崩对所过之处的破坏是巨大的。为了尽量减少损失，在建造建筑物时要对整个山体有个整体的观察，最好远离可能发生冰崩的地方。

现在人们还无法预料冰崩的时间和规模，因此在一些看起来不稳定的悬冰川下通过时要加快速度，尽量缩短在这些地方停留的时间。

第三章

如何在雪灾中自救与互救

应对雪灾小常识

在前一章，在应对常识方面有些涉及，下面将对这些知识作一个系统性的总结和补充，以期巩固及健全小读者这方面的常识。

暴雪来临前

（1）关注气象部门关于暴雪的最新预报、预警信息。

（2）做好道路清扫和积雪融化准备工作。

（3）暴雪来临前要减少外出活动，特别是尽可能地减少车辆外出，并躲避到安全的地方。

（4）机场、高速公路、轮渡码头可能会停航或封闭，要及时取消或调整出行计划。

（5）做好防寒保暖准备，储备足够的食物和水。及时增加足够的营养物质，高热量的蛋白质、脂肪类的食物应该比平常增加。酒精和水不能产热，寒冷时绝对不要饮酒。

（6）不要待在不结实不安全的建筑物内。

（7）农牧区要备好粮草，将野外牲畜赶到圈里喂养。

（8）对农作物要采取防冻措施，防止作物受冻害。

暴雪出现后

（1）暴雪出现后，牲畜采食困难，应加强人工补饲工作。

（2）主动清扫自家或单位附近道路和屋顶的积雪。

（3）外出时，要采取防寒保暖和防滑措施。

（4）取暖的家庭要提防煤气中毒。

（5）步行时尽量不要穿硬底或光滑底的鞋，骑车人可适当给轮胎放些气。

（6）老少体弱人员应尽量减少外出，以免摔伤。

（7）驾驶人员应采取防滑措施，听从指挥，慢速行驶。

（8）如果被积雪围困，要尽快拨打 110、119 等报警求救电话，积极寻求救援。

暴风雪突袭

（1）大家尽量待在室内，不要外出。

（2）如果在室外，要远离广告牌、临时搭建物和老树，避免砸伤。路过桥下、屋檐等处时，要小心观察或绕道通过，以免因冰凌融化脱落伤人。

（3）非机动车应给轮胎少量放气，以增加轮胎与路面的摩擦力。

（4）要听从交通民警的指挥，服从交通疏导安排。

（5）注意收听天气预报和交通信息，避免因机场、高速公路、轮渡码头等停航或封闭而耽误出行。

（6）驾驶汽车时要慢速行驶并与前车保持距离。车辆拐弯前要提前减速，避免踩急刹车。有条件要安装防滑链，佩戴色镜。

（7）开车外出时被暴风雪围困，最安全的选择是待在车中等待救援。

（8）出现交通事故后，应在现场后方设置明显标志，以防连环撞车事故发生。

（9）如果发生断电事故，要及时报告电力部门迅速处理。

（10）野外遭遇暴风雪时，尽可能裹紧所有的衣物和布料等能够防寒的东西，躲到山崖下或山洞里。如果已经开始积雪，就近建个雪洞，待天气好转时再走。手、脚要保持活动并按摩脸部。暴风雪停后，在雪地上做好醒目的求救信号，尽全力吸引别人的注意。

牧区雪灾

（1）建立饲料基地，储草备荒。

（2）加强棚圈建设，草场上可建设透光保温的棚圈。在放牧转场途中，利用避风向阳、干燥的地形，垒筑防风墙、防雪墙，有条件的牧场可修建接羔房、育羔棚等。

（3）对家畜补喂精料保膘。

（4）及时清除栏圈内的粪便，勤换、勤晒褥草，保持舍内清洁、干净、温暖。

（5）注意收听天气预报，当暴风雪来临前，将牲畜赶回棚圈，并适当采取防雨防寒措施。比如，关好棚圈门窗，在地上铺干草，还可用被褥、羊毛毡等盖在牲畜身上。

（6）对病畜可根据病情分别进行及时治疗，以控制患畜全身感染。

（7）调整牲畜群的结构，使各种牲畜合理搭配，也能提高畜群抗雪灾的能力。马的破雪采食能力强，羊较差些，牛更差，如果将马、羊、牛混合编群，当积雪封草时先放马食草，再放羊，最后放牛。这样有利于各种牲畜食草，在一定程度上减轻了雪灾对畜群的危害。

道路结冰

（1）行人出门应当心路滑跌倒，尽量不要外出，特别是尽量少骑自行车。

（2）司机要采取防滑措施（如装防滑链），注意路况，慢速安全驾驶。

（3）行人要注意远离或避让机动车和非机动车辆。

（4）机动车一定要服从交通警察指挥疏导。

（5）教育少年儿童不要在有结冰的操场或空地上玩耍。嘱咐老人不要在有结冰的地方散步或锻炼身体，以防路滑跌伤。

（6）如果跌伤骨折，若无专业救护知识不要随意移动伤者，应立即与医院联系请求救护，同时注意伤者的保暖。

保护人身安全

保温：首先尽量减少外出，随时收听天气预报。关好门窗、紧固室外搭建物，防止家中的用水设备（水管、水箱）冻裂。若外出，应戴好帽子、围巾、手套和口罩，服装也应以保暖性强的棉服为主。注意保持体温。保证内衣干燥。穿好御寒且防滑的鞋子，以保证出行的安全。鞋的材料要选通气性好的，如帆布、皮革等，穿橡胶与塑料鞋，脚在出汗以后，易发生冻伤。硬而紧的鞋子会妨碍脚部的血液循环，也易发生冻伤。当脚趾有麻木感时（冻伤预兆），可做踏步运动，以促进血液循环。

冻伤：要尽量减少皮肤暴露部位，对易于发生冻疮的部位，要经常活动或按摩。若有冻伤现象，应慢慢地温暖患处，以防止深层组织继续遭到损伤。尽快将患者移往温暖的帐篷或屋中，轻轻脱下伤处的衣物及任何束缚物，如戒指、手表。不可用热水浸泡患处。抬高患处可以减轻肿痛。用纱布三角巾或软质衣物包裹或轻盖患部。伤情严重者须尽快送往医院。

摔伤：雪地摔倒后不要急于起身，应当首先查看是大腿、腰部还是手腕摔伤。一般大腿和手腕骨折较轻的，还能勉强活动；如果腰部疼痛，千万不要随

意乱动，因为腰椎骨折后如果随意活动，很可能造成关节脱位，严重时下肢可能瘫痪。此时应该尽快呼救，救人者也不宜随意背抱伤者，而是要用硬板将伤者抬到医院，或拨打120急救电话由专业医护人员救助。

雪盲："雪盲"又称日光眼炎，是大面积积雪反射强光后，眼睛外层角膜受到紫外线辐射灼伤所致。为防止雪面反射的强光造成"雪盲"，建议长时间与积雪打交道的人员在外出训练和值勤时，应戴上防护墨镜。若发生"雪盲"，首先用冷开水或眼药水清洗眼睛，然后用眼罩或干净手帕、纱布等轻轻敷住眼睛，尽量闭眼休息，雪盲症状通常需要5~7天才会消除。

疾病：不要单独行动，最好和亲朋好友在一起。彼此观察对方的身体状况。如有异状，应及时采取措施防止疾病恶化和传染。发现患者体温过低时，为防止身体热量进一步散发，应将其置身室内，避风，脱去潮湿的衣服（不能脱光），每次脱一件外套，换上干衣。不要让患者直接躺于地面，要采取保暖措施。患者清醒时，让其饮用热饮料，食用含糖食品。

防止慌乱

镇静：在拥挤发生之初或者不幸身陷拥挤的人流之中，一定要时刻保持镇静，不要乱喊乱叫或推搡他人，防止造成混乱。

服从：听从事故现场管理人员的指挥调度，配合指挥人员缓解拥挤，避免踩踏事故发生。

避让：如果发觉拥挤的人群如潮水般涌来，应该马上避到一旁，千万不要加入和尾随；拥挤中，如果发现一旁有坚固物体应紧紧抱住，以等待时机脱险。

防护：如果身不由己被裹入拥挤的人群时，要伸出力量较大的那只手臂，用手掌轻触前面那个人的后背，将另一只手握住撑出的那只手的手腕，双臂用力为自己撑开胸前的空间，用小步，稳定重心地随人流移动，不要试图超越别人。

保护：如果陷入极度的拥挤之中，为防止造成窒息，要尽力让胸前保持一定的空间。应做双臂交叉，双手握住上手臂平抬在胸前的自我保护动作，并尽量坚持，直到情况好转。

迅速站起来：万一被挤倒或绊倒，一方面要大声呼喊寻求周围人员的救助，另一方面要尽快站起来。

危急时刻的球状保护：如果摔倒后局面失去控制，没有办法站立起来，就应侧身蜷曲，双膝并拢贴于胸前，十指交叉，双手扣颈，双臂护头。

科学预防雪灾中的冻伤

发生雪灾时以及雪灾过后，天气一般都会变得寒冷，在这样的天气里儿童、妇女、学生最容易发生冻伤，但通过采取行之有效的措施，冻伤还是可以预防的。

冻伤主要是由低温寒冷而引起的，但也受其他因素的影响。如潮湿、刮风、穿衣过少、长时间静止不动，都可加重冻伤。另外，疲劳、醉酒、饥饿、失血、营养不良等也会使人体的抵抗力大大降低，并因此引起冻伤。

1. 加强锻炼

经过耐寒训练过的人一般是不会被冻伤的。人们在平时的生活中要注意加强体育锻炼，并适当地进行耐寒锻炼，这样就可以增强体质。另外，可以从夏天开始就用冷水洗脸、洗脚等。这样不仅会增强体质，对人们的身体健康也有一定好处。

2. 注意饮食

天气寒冷时，为了更好地防止冻伤，要注意加强饮食。此时一定要按时吃饭，并且要注意食物的质量。在饮食时可以多吃热量较高的食物，如油类、肉类等，这样增加身体的热量，就可以增强身体的抗寒能力。

3. 注意日常生活

日常生活中也可以有效地防止冻伤。寒冷季节里可以用辣椒秧煎水，经常用这样的水洗手洗脚可以预防手脚被冻伤。

4. 正确保暖

许多人以为，在寒冷的天气里将鞋子、袜子等穿得紧一点会更加保暖，并且可以预防冻伤，其实这种想法是不对的。鞋袜过紧会导致局部血流不畅，热量无法顺利到达脚部，反而不利于保暖。在寒冷的冬季，衣物不要裹得太紧，并且要保证衣服鞋袜的干燥。在寒冷的天气最好不要在室外待过长时间，如果时间过长要尽量多活动一下手部或者足部，如搓手、跺脚等。

预防脸部冻伤

寒冷的天气最容易冻伤脸部。脸部是身体暴露在外面的主要部位，雪灾过后天气寒冷，在雪地中长期工作的人，要做好脸部保暖工作，这样可以有效预防脸部冻伤。另外，还要在面部及手部暴露部位涂一些油脂类防冻霜。

长时间待在寒冷的天气里，可适当多活动嘴脸，这样可以增加脸部血液流动，也可以有效防止脸部冻伤。

如果脸部已经冻伤，首先要加强保暖。若冻伤仅为硬结，未破溃时，可用辣椒酊、热酒精擦洗。若已破溃，则可用一些药物进行治疗，促进其早日愈合。平时在饮食上要多吃营养丰富的食物，如鸡蛋、牛奶等，这样可以增强体质和提高抵抗寒冷的能力。

慎防冻伤耳朵

人的耳郭，也就是人们常说的耳朵，借韧带与耳肌附着于头的两侧，除耳垂由脂肪与结缔组织构成外，其余均由弹性软骨构成，外覆软骨膜和薄层皮肤。由于耳郭暴露于体表，加之耳郭皮肤比较薄，皮下组织少，血管表浅，血流缓

慢，因此极易被冻伤。

耳郭冻伤后，轻者耳郭血管收缩并引起局部缺血，出现痒感，随着冻伤的加重，在耳郭上会形成水泡，水泡内含有积血性液体，这时的疼痛感会加重。严重耳郭冻伤者的耳垂及耳轮边缘会呈死灰色，同时耳郭知觉会完全丧失。长时间受冻后，耳郭皮肤和软骨的冻伤部位可发生溃烂、坏死，造成耳郭软骨膜炎，使耳郭弯曲变形。

预防耳郭冻伤的关键就是做好耳郭的保暖，寒冷的天气外出时要戴上可遮住耳郭的帽子或耳罩，这样可防御寒气侵袭，也可防止耳郭被冻伤。一旦耳郭被冻伤后，应及时去医院诊治。

快速自救雪灾冻伤

雪灾中，人们常常受其伤害，造成不同程度的冻伤，冻伤有四度之分。

一度冻伤：常见的冻疮，是所有冻伤伤害中最轻的。冻疮能够损及皮肤的表皮层，使受冻部位的皮肤有红肿充血的现象，并且有痒、热、灼痛之感。但是不用担心，数日之后，这些症状会消失，愈合的伤处除了表皮会脱落外，一般不会有瘢痕留下。

二度冻伤：此类冻伤会把皮肤的真皮浅层损伤，冻伤后的皮肤除了有红肿的现象外，还有水疱出现，水疱内的液体为血性液，深部还有水肿、剧痛出现，皮肤有迟钝之感。

三度冻伤：此类冻伤伤及的是皮肤全层，皮肤被冻伤后不再有疼痛的感觉，甚至难以愈合，而且，皮肤会变成黑色或紫褐色，除了会有瘢痕遗留外，在较长时间内，周围的皮肤可能会有疼痛之感或过敏现象出现。

四度冻伤：此类冻伤最为严重，能够把人的皮肤、皮下组织、肌肉甚至骨头损伤，会有坏死和丧失感觉现象出现，在伤愈后，可能会形成瘢痕。

冻伤指的是人长时间处于低温环境中所受到的伤害事故。对其进行救治的首要是将冻伤部位的血液循环恢复过来。人体产生冻伤主要发生在手、脚、耳朵等部位。被冻伤的人，尤其是局部或全身冻伤的人，倘若对其进行的紧急护理或抢救不及时，通常会引起严重的后果，如致残，甚至死亡。假如有冻伤情况出现，应该迅速撤离寒冷的环境，如果条件允许的话，要将身上潮湿的衣物脱去，再置身于温水中逐渐复温。对于冻疮的处理，除了对其进行复温、按摩外，还可涂擦辣椒水或酒精，或者用各种冻疮膏或 5% 的樟脑酒精涂抹。当造成的二度冻疮出现水疱时，可用消毒针穿刺水疱，抽出里面的液体，再用冻疮

膏对其进行涂抹。如果出现四度冻伤，那么抢救治疗必须在保暖的条件下进行。对于全身冻伤非常严重的患者，必要的时候，可以对其进行人工呼吸，补液，以增强其心脏功能，使之避免出现休克。

如果在家中发生冻伤状况，首先要做的就是尽快恢复冻伤部位的温度。但是，千万不要用火盆或火炉去烤冻伤部位，最为有效的方法是将患处用温水温敷或将其浸泡在温水中，水温最好不要高于45℃，要控制在38～42℃，否则非但不能带来任何帮助，还会引起烫伤。快速对受冻部位进行复温，缩减受冻时间，使局部血液循环迅速恢复过来，可以最大限度地缩小组织的坏死范围。复温的时间最好为5～7分钟，最长不能超过20分钟。当冻伤处的皮肤恢复正常的感觉和颜色后，就可以不再对其进行复温了。为了避免水肿和减轻组织的损伤，受冻的伤肢应该被稍微抬高一些，并用适合的工具将其固定起来，所进行的活动也要有一定的限制。如有必要，在其复温后，还要到医院里进行进一步治疗和观察。

防止雪灾中造成骨折

雪灾时最容易发生骨折。因为雪天路滑，很多人不得不走出家门，一不小心就可能摔倒，并引起骨折。

骨折患者的典型表现是伤后出现局部变形、肢体等出现异常运动、移动肢体时可听到骨擦音，此外，伤口剧痛，局部肿胀、瘀血，伤后出现运动障碍。对于骨折者或怀疑是骨折者均应现场按骨折处理。

骨折可分为两种类型：外骨折和内骨折。外骨折时断骨可能会刺破皮肤，有明显的伤口，这种情况容易引起病菌感染，伤口感染后会增加治疗的难度。在到医院救治前要把断骨复位，断肢摆直，但这会非常疼，如果伤员已经昏迷，可以直接完成，如果疼痛难忍，就不要动受伤的部位。

内骨折是指断骨没有刺穿皮肤或裸露在外的病例，但触动受伤部位时疼痛会尤为剧烈，有时疼痛难忍。此时即使外施轻微压力，也会一触即痛。内骨折会出现肿胀，随后出现青紫斑或失去血色。与正常肢体相比，肢体明显变形，触摸或观察都能感觉到不正常。

出现外伤后尽可能少搬动患者，如需搬动必须动作谨慎、轻柔、稳妥，以不增加患者痛苦为原则。如果怀疑是脊椎骨骨折必须用木板床水平搬动，此时要禁忌头、躯体、脚不平移动。同时要注意做好保暖工作及现场防止伤者休克。

143

伤者有创口还应及时进行包扎和止血。

如果有希望获得医疗帮助，可以简单固定伤肢，留待以后专家治疗。一般用木板、木棍、树枝、书本等，所选用材料要长于骨折处上下关节，做超关节固定。固定的松紧要合适，不能太紧或太松。固定时可紧贴皮肤垫上棉花、毛巾等松软物，外以固定材料固定，以细布条捆扎。

对于不能及时得到医护人员救助的患者，要积极主动地寻求减缓病情的方法，这样可以免除伤员发生极其痛苦的肌肉痉挛。此时可比照对称的另一肢，将断骨牵引复位，再加以固定包扎。这时如果需要夹板，可以利用各种树木的枝条、折叠的报纸等。

平房区居民如何应对雪灾

居住在平房里面的居民在接到大雪黄色预警后，要准备充足的饮用水，同时，室内外的水管要用棉布、破旧的衣物等保暖物包起来，以免被冰冻不能接水。

将平房的屋脊加以固定，防止被积雪压塌。

不要冒风顶雪修葺屋顶，因为这样非常危险。即使屋顶有漏洞，也要等风雪停止后才能对其进行修葺。

大雪将大地覆盖，居民在屋内取暖时，一定要注意炊烟倒灌从而引发一氧化碳中毒的情况出现。

对于生活上的垃圾要有专门的地方进行处理，对于污水的管理及排放也要进行适当的处理。

供电线路可能在大风雪中受到影响甚至遭到破坏，为了防止触电情况的发生，居民们进出门时，要特别小心可能或已经被风刮断和被雪压断的电线。

如何防范和救治雪灾后的雪盲症

由于眼睛视网膜受到强光刺激引起暂时性的失明症状叫做雪盲症。这种症状经常在雪地、登高山和极地探险者身上发生，雪地对日光的反射率高达95%，直视雪地就如同直视阳光。

雪盲的症状：眼睛发红，经常流眼泪，并且十分疼痛，感觉眼睛像充满风沙一样，对光线非常敏感，严重者很难睁开眼睛。

若发生雪盲，如何进行救治呢?

单色的雪地能够反射阳光的紫外线，很容易伤害到眼睛。所以，在观赏雪景或在雪地里行走时，最好戴上黑色的太阳镜或防护眼镜，以保护眼睛。

得了雪盲症要补充维生素 A、维生素 C、维生素 E 和 B 族维生素等。

如果有雪盲症的症状出现，要用眼罩蒙住眼睛，不要勉强使用眼睛。

用药水清洗眼睛，用毛巾在冷水中冰镇后敷在眼睛上。还可以用鲜人乳或鲜牛奶滴眼，每次 5 ~ 6 滴，隔 3 ~ 5 分钟滴一次。牛奶一定要煮沸冷透了才可用。

减少用眼，多休息。一定不要热敷，高温只会弄巧成拙，加剧疼痛。

缓解雪盲的症状时需要有一个良好的环境帮助恢复，但完全恢复需要5 ~ 7天。

被暴风雪困在车里的自救方法

如果暴风雪来临时，正在驾车，车又被困在雪里，要做到以下几点。

1. 待在车里，不要离开

如果不能清楚地看到目的地，不能轻易到达，为了确保安全，一定不要离开车。因为在乡村地区，找一部车要比找一个人容易很多，而且在能见度很低的情况下，人很快就会迷失方向。

2. 尽量让车子很显眼

在长棍或天线处系上红布，红布在高处飘动。晚上让车内顶灯亮着，如果有车外顶灯，晚上引擎运转时把它打开。这样救援人员容易发现。

3. 每小时开动引擎不超过10 分钟，保持暖气开放

这样可以为长久地等待节省燃料。引擎运转时，可以打开点窗户，排出一氧化碳。每次启动引擎前，要确保排气管没被雪堵塞。

4. 等待救援时，要活动身体保持温暖

跺脚、拍手、摇动胳膊，尽量用力地活动脚趾和手指。饮食要有规律。可以喝融化的雪水，但不要吃雪，因为吃雪会降低体温。

5. 保持清醒，不要睡觉

睡觉的时候，身体内部温度会下降，这在极度恶劣的天气里是非常危险的。

听收音机、大喊、唱歌，以此来克服睡眠。要保持清醒的头脑，待在车里，沉着应对。

　　一定要记住，人们正在寻找你。如果你留下了行车路线的详细信息，营救人员会寻迹而来，救你脱险。如果待在车里，因寒冷死亡的情况几乎可以避免。在雪暴或暴风雪到来前做好充分准备，知道应采取什么样的措施，并能付诸行动。穿着要适当，沉着冷静，谨慎应对。当雪停风止，气温再次回升时，你会因这段特殊的经历，更加珍爱生命！

如何在野外躲避暴风雪

进入雪地和寒区之前，应随身带有防水蜡烛、火柴、太阳镜和搭窝棚用的防水布。

如果遇到暴风雪，应马上建一个避寒场所自救。以最快的速度建一个雪洞或窝棚来御寒。

搭建帐篷时，首先要选择安全的地点。千万要查看清楚，一定不要建在有可能发生雪崩的地方。可以选择在有大树覆盖的山脊上。

不要将帐篷搭在崖壁的背风处，因为在这种地方，风会很快吹起大量的雪，将帐篷埋没。

在雪层较薄的地方，要先将架设点的雪打扫干净，如果在雪层比较深的地方，应将雪压平、压实。如果暂时不移动，为了更好地抵御寒风，可以在雪中挖坑埋设帐篷。

选择在开阔的地方搭帐篷。在迎风面设置一道雪墙，既可以御寒，又便于生火做饭。

如果不幸在野外遭遇到风雪应采取以下自救措施：

如果在乘车前去时，发生积雪封堵现象，要立即用移动电话等通信工具向交通管理部门求救。

　　制造声音求救。如果看到救援人员，可大声呼喊。如果没有看到救援人员，要想在救援人员到来前，不至于冻死、饿死，就要尽可能地保存体力，可借助棍子、石块等物品敲击，发出求救声响。

　　要因地制宜，利用当地可用的材料，如石头、树枝等物体在白天摆出 SOS 求救信号；在夜晚，用前面所介绍的方法搭建可以避寒的雪屋或在雪地上挖一个入口略有弯度的雪洞，最好在洞口用树枝或棉布将其遮掩起来。

　　白天，可用火柴、打火机等把树枝点燃，将潮湿的柴草、树枝等放在火堆上，以确保有烟冒出；也可燃烧三堆火焰，将其摆放成三角形，这是国际上通用的求救信号。在晚上，可用一些干柴点火，火越旺越好，用以保暖。

　　可在地上摆出或用脚在雪地踩出"FILL"的对空求救信号，这是国际通用的紧急求救信号，对于每个字母间的长宽和字母间的距宽，有一定规定，即各字母长 10 米，宽 3 米，字母的间距为 3 米。

如何在雪崩来临时采取应急措施

如果连续降雪 24 小时，就可能发生雪崩。雪崩一般是爆发在山顶上的，当它倾泻而下时，有着巨大的力量和极快的速度，能将阻碍它奔流的许多东西卷走，它的力量能持续很久，只有到了广阔的平原才会渐渐消失。雪崩之所以能够产生巨大的破坏力，主要就是因为雪流能驱赶它前面的气浪，造成房屋倒塌、树木折断、人畜窒息等，它的冲击力比雪流本身的打击更危险。

当山坡上的雪下滑时，有时候会缓缓流动，就像一堆没有凝固的水泥，这种情况通常不会造成很大的危害，因为它在下滑的过程中可能会被岩石、树林等稳固的障碍物阻挡去路；但是，如果出现大量的积雪疾滑或崩泻时，就会挟带强大的气流往山坡下冲去，形成板状雪崩，造成极大的危害。不过，无论哪种情况出现，都必须远远地避开雪崩的倾泻路线。

除了对雪崩的工程防护措施进行相应的加固外，平时了解并掌握一套安全的自救方法，就能够减少或避免雪崩发生所造成的损失。这对于地处雪崩灾害区域和在高山冰雪地区旅游、登山的人来说，有着十分重要的意义。

1. 雪崩的躲避与自救

（1）在雪崩危险期间，如降雨、大雪、大雾、吹暖风时及其后两天内以及夜间，行人车辆最好不要进入雪崩危险区，不得在此期间登山和行军。

（2）不得单独行动，外出时必须在规定的时间并按预定的路线行动，以便一旦发生雪崩时及时进行救助。

（3）必须通过危险区的车队应保持100～200米的距离，并且要设立监视哨，不得夜间行车。

（4）通过雪崩危险区的行人应组成小组或小队，带有安全救护装备，设立监视哨，每人身佩长30～40米的深色（红、蓝）丝绳（称雪崩绳，便于寻人），保持一定距离。在越过雪崩沟槽时，应一个一个地过去，后一个人必须踩着前面一个人的脚印走。

（5）当遭遇到雪崩时，如果你正处于山坡上，要果断地将身上所有笨重的物件抛弃，如背包、滑雪板、滑雪杖等，这样即使深陷雪中，也不会受到这些东西的负累。

（6）遇到雪崩时，切勿向山下跑，雪崩的速度可达每小时200千米，你应该向山坡两边跑，或者跑到地势较高的地方。

（7）跑不过雪崩的话，闭口屏气是唯一选择，因为气浪的冲击比雪团本身的打击更可怕。雪崩时大量的积雪会往下泻，如果雪崩不是很大，你可以抓住树木、岩石等坚固物体，待冰雪泻完后，便可脱险。如果被冲下山坡，一定要设法爬到冰雪表面，同时以仰泳或狗刨式泳姿，逃向雪流边缘。压住你的冰雪越少，你逃生的机会就越大。

（8）如果被干雪崩卷走，那也要扭动头部，双臂也应尽力活动开来，做游泳姿态，以避免胸部受到过大的雪压，同时，也可以争取出空隙来，不至于很快窒息。

（9）雪崩造成的气浪冲击力很强，如果人们不懂得如何趋避，就会受到伤害。在遇到雪崩时，为了避免受到气浪的冲击，即使处于雪崩路线以外，也要赶紧闭上眼睛，捂上嘴巴，掩好耳朵。

2. 雪崩时被雪埋没的自我救护

如果被雪埋住，一定要奋力破雪而出，因为雪崩停止数分钟后，碎雪就会凝成硬块，手脚活动困难，逃生难度更大。如果雪堆很大，一时无法破雪而出，就双手抱头，尽量造成最大的呼吸空间，让口中的口水流出，确定自己是否倒置，然后往上方破雪自救，时间就是生命！

遭遇雪崩并被雪埋没很深时，最好是平躺，用爬行姿势在雪崩面的底部活动。丢掉包裹、雪橇、手杖或者其他累赘，覆盖住口、鼻部分以避免把雪吞下。休息时尽可能在身边造一个大的洞穴。在雪凝固前，试着到达表面。扔掉你的工具箱——它将在你被挖出时妨碍你抽身。节省力气，当听到有人来时大声呼叫。

假如实在冲不出去，就要放慢呼吸，尽可能放松身体，以免消耗过多的热量和氧气，争取在雪堆中多存活一些时间，等待救援人员的到来。

雪崩伤亡原因及遇难类型

雪崩伤亡原因

1. 窒息

遇难者被埋以后，在雪下的呼吸环境和呼吸系统状况是其幸存与否的关键，窒息是引起死亡的主要原因。被雪崩掩埋以后，身体周围空气很少，再加上积雪压迫咽喉和胸部，从而加速窒息死亡。埋在雪下，只有极少数人能够挪动身体进行自救，绝大多数人都不能理顺姿势进行自救，就像被浇注在混凝土中一样不能动弹，只能等待救援人员的及时营救。如果没有人来营救，生还的可能性很小。

被埋雪下以后的各种窒息类型如下。

（1）咽喉、胸部受压窒息：如果遇难者被积雪埋得较深，其咽喉和胸部则会受到积雪的压迫，造成呼吸困难从而迅速死亡。雪崩中的雪层密实紧致，更加压迫咽喉和胸部。

（2）呼吸系统阻塞窒息：被埋入雪下以后，人会产生恐惧，这是一种很自然的本能反应，但是由于恐惧而大喘气，吸入大量积雪，则会加速死亡进程。在卷入雪崩、向下运动的过程中，呼吸系统也会塞进积雪。

（3）氧气耗竭窒息：被埋在雪下以后，生存空间狭小，空气也很少，在雪下呼吸，周围氧气逐渐耗竭。这种窒息过程，会持续一个阶段，持续长短取决于积雪孔隙率和空气含量。失去知觉可以减少大脑对氧气的消耗，可以延长幸存时间。雪下低温环境，也可以减少氧气消耗，从而延长幸存时间，为成功营救创造有利条件。

2. 外伤

撞击：遇难者跟随雪崩向下运动，雪崩中所含的石块、冰块、树干以及雪崩路径中的障碍物如树干、基岩露头、坚硬物体等，都可能对遇难者造成伤害。

击中：雪崩的气浪和飞泻气势能够荡涤山坡上的坡积物和岩石露头上的风化石块，遇难者可能会被由此产生的飞石击中而受伤。

压力：雪崩气浪和雪崩本身的压力，能够对人的肺部或其他器官造成伤害，严重的会致死。

总之，雪崩伤亡事故中，会对身体造成各种各样的伤害，如头部和腹部受伤，颈椎、腰椎和肢体折断等。

3. 恐惧或惊骇

因恐惧或惊骇而产生的死亡和咽喉痉挛、呼吸系统吸入呕吐物有关。人体中，迷走神经支配心脏跳动，而迷走神经在身体某些部位受到刺激时，体内也会出现相应症状，如呕吐、咽喉痉挛、心跳缓慢等。被卷入雪崩时，即使吸入少量积雪，位于口内舌部的会厌部分也会产生强烈刺激，引起迷走神经强烈反应。被埋在雪下的时候，咽喉痉挛是致命的。由于缺氧，会导致加速死亡。有时候在这种情况下，遇难者会出现呕吐并吸入呕吐物，从而加速窒息。

4. 低温和衰竭

卷入雪崩或被埋入雪下以后，遇难者由于处于低温环境会消耗大量热能，体力逐渐衰竭，如果得不到及时营救，会导致死亡。

5. 滞后休克

有些得救的雪崩遇难者，有时会死于滞后休克。下面就是一个典型的事例：英国一个很年轻的边地警卫，在 1962 年 4 月 18 日上午发生雪崩时，被埋在餐

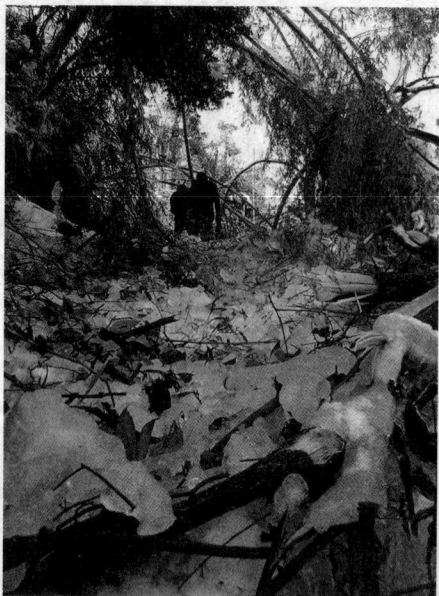

厅，雪深 6 米。19 日下午得救，伤势很轻，住院期间一切正常。22 日晚，这个年轻人突然感到心烦意乱、神经紧张，最后死亡。验尸表明，他死于滞后休克，没有其他特殊原因。

露天卷入雪崩的遇难者，将近 20% 的人因为窒息或者外伤当即死亡。其余 80% 的人生命是否能够获救取决于被埋时间和深度。埋深超过 2 米，能够存活的概率就很小了。雪崩遇难者被埋两小时还没有被发现，或者埋深超过 2 米，存活的概率则小于 20%。埋在建筑物内的遇难者，其幸存概率远远大于完全被裹在雪中的，因为被埋在建筑物内，只要当时没有被重物重击受伤，就还有一定的生存空间和呼吸渠道，而被裹在雪中或压在雪下遇到的最大问题是不能呼吸。

遭遇雪崩时，如果是整个身体被裹在雪中，则幸存的概率非常小。滑雪遇难者总幸存概率小于 1/3。因为滑雪板和手杖相当于加长滑雪者四肢，被卷入雪崩将会导致旋转运动的改变。迫使遇难者脸朝下栽入雪中，因吸入大量雪尘或没有氧气供给而窒息死亡。

上述情况都是雪崩发生后一般会出现的伤亡情况。有时候也会有奇迹发生。坚强的毅力和强壮的体魄，将有利于遇难者获得幸存。例如，1951 年 1 月 20 日，奥地利海里在一个水电站附近发生了雪崩，一个 26 岁的缆车工被埋在室内。他凭借自己强壮的体魄和坚强的毅力与死亡进行了 12 天的殊死搏斗，终于在 2 月 2 日中午通过自己挖成的通道爬出雪洞而得救。救出以后，医生给他做了完整细致的检查之后发现，这个小伙子的双脚三度冻伤，患膀胱炎、肺炎和肾炎，视力也遭到严重损害，体重减轻 30 千克。医生给他做了截肢手术，在膝盖以下装上假腿，并且完全恢复了左手功能。半年后，小伙子重返工作岗位。

我国也有这样的奇迹：1994 年 3 月 10 日下午 5 时许，国道 312 线新疆天山果子沟附近爆发雪崩，一辆中型客车被埋在雪下。6 天以后挖出时，14 人已经死亡，3 人依靠吃雪充饥，奇迹般地活了下来。

由此可知，雪崩遇难者遭遇雪崩以后，即使被埋得很深，时间较长，也不要轻易放弃希望，要积极自救。此外，只要遇难者还有一线救活的希望，都应设法尽力寻找和营救。

雪崩遇难类型

雪崩遇难类型是指具体人员卷入雪崩的地点和场合类型。雪崩遇难可以分为以下四类。

1. 雪崩表面遇难

雪崩结束时，这类遇难人员处于雪崩雪堆表面。遇难者也许一直处于雪崩表面；也许曾经被埋，以后被雪崩翻到雪崩表面。对于雪崩表面遇难人员来说，机械损伤或窒息会导致伤亡。不过，总的来说，这类搜索目标比较明显。

2. 雪崩埋没遇难

按照埋没地点和卷入地点之间的关系，分为两类：①埋没地点和卷入地点

一致遇难。由于受到迅猛雪崩的袭击，遇难者立即被埋，或者被雪崩前锋绊倒被埋。被埋之后，随雪崩向下运动。②埋没地点和卷入地点不一致遇难，在卷入雪崩向下运动的过程中，在雪崩表面停留过，然后被埋，并随雪崩向下运动。

3. 载体内部遇难

司乘人员驾驶汽车或火车等交通工具在一定线路上运行时遇上雪崩，属于载体内部遇难。汽车或火车有时仍然留在路上，没有被雪流冲走，有时则会被卷入沟谷。1986 年 4 月，国道 217 线新疆天山玉希莫尔盖山隘附近一辆军车被雪崩积雪掩埋。当时，汽车仍然留在路上，这类搜索目标比较明显，能够很快发现并及时施救。但是，只有两名战士幸存，七名战士已经牺牲，所以说，一些动态因素的影响也不容忽视。

4. 室内雪崩遇难

雪崩发生时，房屋倒塌或者帐篷被压垮，遇难者和建筑物瓦砾或帐篷同时被埋或一起被冲走。或者房屋部分损坏，造成遇难者被埋。相比之下，雪崩发生后室内遇难者幸存概率略高，因其脸部和胸部前面往往有些空间。同时，搜索目标确定，局限在一定范围，容易救援。

第四章

如何应对雪灾过后

如何寻救雪灾遇难者

现在，寻找和探查雪下遇难者已经研究出了很多方法，如无线电收、发报机法，雪崩犬法和探棒法等。

1. 雪崩犬法

雪崩犬可以根据遇难者从雪下散发出来的汗水、呼吸等气味找到其被埋场所。但是，这些气味类型和含量则因人而异，也随各人身体和衣着清洁程度、被埋之前各人体力消耗状况而不同。尤其，各种化妆品也能在雪中长时间地发出强烈气味。阿尔卑斯山区的国家早在 17 世纪已经开始采用雪崩犬搜索遇难者。现在，瑞士、奥地利等国已广泛应用这一救援方法。人口稠密的山地居民、雪灾危险区的部队、登山俱乐部和养狗俱乐部也已经开始着手培训雪崩犬，普及营救知识，积极参加营救。

2. 无线电收、发报机法

无线电收、发报机法是一种比雪崩探棒、雪崩犬更好的方法，它是近年来欧美花费了大量人力、物力和财力研制而成的，主要用来确定遇难者被埋的具体方位。这种用于遇难者定位的无线电收、发报机最早出现在 20 世纪 60 年代末 70 年代初。这些装置重 200 ~ 400 克，只有香烟盒那么大。为了避免无线电台广播干扰，只接收和发射音频感应信号，电路简单，很少发生失灵现象。大多数此类装置都是收、发报机一体，也有个别型号的两者是彼此分离的。登山运动员、滑雪者或雪崩巡逻队员进入危险地区之前，配备好收、发报机，将收、发报机拨至发射状态，并且确保装置处于良好的工作状态，在遭遇雪崩被埋后他人可以根据自己的信号发射方向准确确定所埋位置。这类装置的不同型号也造成了平均搜寻时间的不同，一般搜寻时间为 7 ~ 22 分钟。

3. 探棒法

无线电收、发报机法和雪崩犬法快捷、准确，节省人力和物力，但是需要借用一定的外在条件，紧急情况下的应急救灾措施则会受到限制。所以，探棒法因其简单易行，能够就地取材而得到广泛应用。具体作业方法如下：

参加救援探查的人员手握探棒，一字排开。人数随人力情况而定，最好是20人，不要超过30人。探查人员按一定的间距隔开，队伍排头和排尾各站一人，共同拉着一根带有间距标志的探绳。探查人员沿着探绳作业，彼此之间保持探绳标定的距离。在专业人员的指挥下，探查工作从山坡下部开始，由下往上逐步推进。每探完一步，探绳随之向前挪动一次。探查当中，假如出现探棒反弹和触及易物等情况，就把探棒插在原地作为标记，会有专人挖坑查明原因，然后继续进行后面的探查。

如何抢救遇难者

雪崩安全的核心问题是要避免或减少人员伤亡，但是却不能完全避免雪崩事故。如果不幸遭遇雪崩，应该采取哪些应急措施，如何延长幸存时间是关系到雪崩营救的现实问题，采用正确的营救方法和技术进行抢救，可以给遇难者带来生存的希望。

目击者以及没有被埋的同伴，确定了遇难者的方位之后，一定要冷静、镇定，因为这最初几分钟的营救措施是相当重要的。如果有更多的人知道针对具体情况该做什么、如何去做，那么，将会大大增加遇难者的获救概率，并且可以营救更多的遇难者。

刚发现的雪崩遇难者，一般会有以下两种情况：瞳孔放大、呼吸停止和心脏不再跳动；体温很低、脉搏稀微、血压下降、新陈代谢阻滞。但是如果没有确凿的证据表明遇难者已经死亡，必须采取科学的营救方法和步骤进行抢救。

1. 清除呼吸系统异物，进行人工呼吸

准备挖掘时，一定要注意遇难者的安全，防止挖掘器材给遇难者造成不必要的伤害。

当遇难者的头部露出以后，先要检查呼吸系统是否阻塞，比如积雪、血块或呕吐物等的阻塞，这些一定要立即清除。然后还要用橡皮管吸出咽喉中阻塞的液体或其他异物。完全挖出以后，一般都平放在雪地上或雪橇上。如果遇难者已经失去知觉，就要把他的头部放低，防止雪水、呕吐物等流入气管更深位置。不管是在进行人工呼吸期间，还是在正常呼吸恢复之后，呼吸道内一直都要插放橡皮管以保持呼吸道的通畅。在清除异物和人工呼吸之前，还应该细心检查颈椎是否折断。如果断开，可以牵引，但其屈曲应该减到最小。

如果遇难者已经不省人事，清理出口腔、气管内异物之后，就要马上进行人工呼吸。具体方法是：使其脸部向上，颈部微微伸直，头部和上身平躺或微向后倾。首先，迅速、连续地进行 10 次人工呼吸，人工呼吸头几口吹气是至关重要的。然后再按每分钟 10～12 次的正常节奏进行。如果瞳孔已经放大，心脏停止跳动，还要增加闭胸心脏按压增强人工呼吸。如果是在海拔较高、空气稀薄地区，就需要较长时间地进行心肺人工呼吸或口对口的人工呼吸。

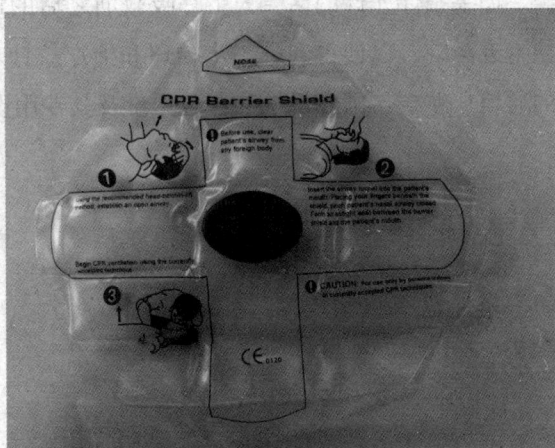

现在，国外新出现一种用于雪崩抢救的人工呼吸设备，有袋状自动充气人工呼吸器和袖珍氧气瓶。这种呼吸器有弹性，能够保证适当节奏、用以减轻人工呼吸的不足和过量。在恶劣天气条件下，是很有用的施救工具。大气中的氧气成分足以能够完成对遇难者的施救，这时候的氧气瓶，只是一个辅助设备。在海拔 5800 米以下地区，采用强迫吸气法也可以使遇难者血液中的氧气达到饱和。经过人工呼吸抢救后，如果遇难者出现如吞咽、轻微动作、微弱呼吸等救活迹象，这时仍有必要进行辅助性的人工呼吸。等到嘴唇、舌头和指头上的蓝色斑点消失，恢复成玫瑰色，才能表明呼吸和血液循环已经得到改善。

2. 采取各种措施，尽快恢复体温

如果遇难者被挖出后呼吸正常，或者经过人工呼吸后很快恢复呼吸，这时候尽快恢复遇难者的体温非常重要。雪崩遇难者在低温环境中会消耗大量能量。

挖出之后，要设法避免体温进一步降低。比如，脱掉潮湿衣服、擦干身体，换上干的衣服。有可能的话，将遇难者移到避风地点，或移入帐篷，并用小火取暖。也可以躺进睡袋防止体温降低，最好是用热水袋供暖。大型睡袋更好，施救者和遇难者同睡一个睡袋中，可帮助遇难者恢复体温。

3. 如果有幸存希望，立即送往医院

如果条件允许的话，人工呼吸救助之后的遇难者可在看护人员的护理下送往附近医院，以便得到进一步护理和治疗。针对雪崩营救，发达国家设有专门的通信、航空、医疗系统和营救力量及其专用设施。

搜索雪崩遇难者的原则

如果是在雪崩表面遇难，其搜索目标明显，搜索工作则相对较简单。一旦找到遇难者，便可立即进行抢救和治疗。其他类型的遇难者，大多数埋在雪下，雪下方位不确定，搜索工作复杂，且费时、费力。专家针对雪崩堆积做了详细观测，再加上长期在雪崩营救实践中已经积累了丰富的资料和经验，提出了以下实践中可以遵循的雪崩遇难搜索原则：

集中精力搜索遇难者衣物和装备出露的雪堆地区，这些地区最有可能发现遇难者。

根据雪崩流动路径，沿着被埋地点以下地区的瀑布线进行搜索。

注意雪崩路径中的反坡地形，在这里雪崩遇到阻滞，明显减速，最容易产生带状堆积。

仔细观察寻找雪崩前锋受阻地段。前锋后面的积雪翻越原先的前锋，成为新的前锋，而原来的前锋产生堆积，最容易把遇难者掩埋在这里。

着重搜索堆积前缘地带。遇难者被雪崩带至雪崩堆积最深的地区，这是雪崩发生后最常出现的情况。

注意搜索沟槽雪崩路径所有弯曲地段，雪崩往往在这里出现阻滞，并减速产生堆积。

　　搜索雪崩路径中的基岩露头、树木灌丛、坡麓滚石和阶地陡坎地区，遇难者往往被拦、被埋在这里。

　　应该兼顾雪崩路径内外搜索。搜索范围以雪崩内路径为主，但外路径也不能忽略。有些遇难者会被雪崩气浪抛出路径以外，或者在雪崩侵袭前及时摆脱雪崩威胁，逃至路径以外。

　　认真听取和分析事故目击者和遇难者的同伴提供的最前线信息，尤其是有关卷入雪崩和被埋地点方面的资料，以期尽早判断遇难者的遇难方位，及时进行救援。

　　正确掌握搜索精度、速度和遇难者幸存率之间的关系。找到活着遇难者的最大概率取决于搜索速度而不是精度。如果已经确定遇难者幸存的希望不大，那就可以适当放慢搜索速度，而提高搜索精度。否则，应该尽最大努力提高搜索速度，力争最大可能地找到活着的遇难者。

　　搜索还要考虑遇难类型。室内遇难和载体内部遇难，探索地区具有较为明确的范围。室内遇难位于其下游地区或房屋内部，载体内部遇难地处其下游地区或路面。雪崩表面遇难搜索范围较大，而且目标明显。

　　由此可以看出，搜索雪崩遇难者可以根据山坡瀑布线、雪崩堆积地形和雪崩运动特征。除此之外，大范围的雪下遇难搜索，必须采用特殊方法。

防治雪灾过后各种疾病

雪灾都是因强冷空气侵袭所引起，这种低气温环境，可以大大削弱人体防御功能和抵抗力，这样会诱发各种疾病，甚至发生生命危险。在这样的环境下，有一些看似是小小的健康问题，但如果防范不好也会因此引起大毛病。

鼻子出血

鼻子出血在平时有可能是小毛病，很多人上火的时候都会出现鼻子出血的现象，但是在雪灾过后的寒冷天气要注意这个小问题。如果自己或者遇到轻微的鼻子出血者可采取半坐卧式或侧卧式，并且保持头部稍向前低的姿势，此时要改用嘴巴呼吸，以保持气道通畅，并以手指压迫鼻翼止血，约10分钟后流血可自然减少或停止。

如果鼻子出血量过多或出血速度过快难以止住时，尤其是患者还患有高血压或其他病症，这时要及时送到医院，请医生帮助解决。

呼吸疾病

大雪过后天气都会变得寒冷，这时有很多人都会因为怕冷而不愿意走出家门，每天都会待在家里。冬季室内的通风都不是很好，长久待在这样的环境里很容易得上呼吸道疾病。

冬季是很冷，但是可以在天气稍暖和时到户外呼吸一些新鲜空气。对付寒冷的最好方法就是让自己动起来，因为运动不仅能促进身体的血液循环，使你感觉不那么冷，还可以增强心肺功能，对我们的呼吸系统也是一个很有益的锻炼。

手脚冰凉

很多人在大雪过后的寒冷日子里都会觉得自己的手脚冰凉，这和天气有直接关系，也和人的身体素质和平时的生活习惯有关。

手脚冰凉的人在冷天可多穿一些保暖的衣服，并且多做伸缩手指、手臂绕圈、扭动脚趾等暖身运动，尽量避免长时间固定不动的姿势，这样可以防止手脚冰凉。

另外，在这样的寒冷季节要注意自己的饮食，尽量不要吸烟，也不要摄入过多含咖啡因的食物，如咖啡、浓茶、可乐等，多吃一些温热性的活血食物。当然，多参加一些体育锻炼，对缓解你的手脚发凉更是一种好方法。

关节疼痛

雪灾过后很多人都会患上关节疼痛的病症。关节疼痛要注意自己的肢体保暖，可利用护膝、护肘等防护用品。

这时要进行有规律的运动，这样可以强化腿部的肌肉，促进血液循环。天气寒冷时还要尽量减少外出。

情感失调

很多人在雪灾之后都会有一种情感上的失落，这时可以多参加一些心理辅导，并且多和亲人朋友交流，以减少孤独感。

另外，在寒冷的冬季多让自己晒晒太阳，对减少忧郁心情有一定的作用。雪后晴天的阳光非常温暖，这种阳光不仅能晒走你的抑郁心情，借助阳光还能更好地合成体内维生素 D，对你的身体也有很多好处。

雪灾过后要注意饮食

雪灾对人们的生产生活都造成了严重影响，但是面临雪灾人们更要保护好自己的身体，这样才能更好地战胜雪灾。雪灾过后天气都会变得寒冷，人们除增添衣物防寒保暖外，还要注意自己的饮食，加强营养的补充，这样才能有效防止寒冷天气给身体带来的危害。

多吃热量高的食物

寒冷的天气里，人体的热量是抗寒冷的重要因素，因此我们在雪灾过后的寒冷天气中要适当增加主食和油脂的摄入，这样可以保证身体产生更多的热量。

在人们平常的饮食中，要注意多补充产热的营养素，如糖类（碳水化合物）、脂肪、蛋白质，这样才能更好地提高机体对低温的耐受力。

狗肉、羊肉、牛肉、鸡肉、鹿肉、虾、乳鸽、鹌鹑、海参等食物中都含有丰富的蛋白质及脂肪，产生的热量也比较多，御寒效果也要好一些。

适当补充无机盐

医学研究表明，人体怕冷与饮食中缺少无机盐有很大的关系。很多医学专家都建议，雪灾过后的寒冷季节里应注意适当补充一些无机盐。

寒冷的天气里可适当多摄取一些含根茎的蔬菜，如胡萝卜、百合、山芋、藕、青菜、大白菜等，因为这些蔬菜的根茎里所含无机盐较多。

及时补充维生素

雪灾发生时以及雪灾发生以后，寒冷气候都使人体的氧化功能加强。机体维生素代谢也发生了明显变化，因此在人们的日常饮食中要及时补充人体所需的各种维生素。

维生素 B_2 对人体的作用不可忽视，雪灾过后要注意补充维生素 B_2，这是为了更好地防止口角炎、唇炎、舌炎等疾病的发生。维生素 B_2 主要存在于动物肝脏、鸡蛋、牛奶、豆类等食物中。

维生素 A 对增强人体的耐寒力有一定的作用，因此在寒冷的天气中还要注意补充维生素 A。维生素 A 多含于动物的肝脏、胡萝卜、南瓜、白薯等食物中，在饮食中可适当多吃一些这样的食物。

维生素 C 也可提高人体对寒冷的适应能力，并且对血管还有一定的保护作用，因此人们在平常还要多吃一些新鲜蔬菜和水果，以补充人体所需的维生素 C。

注意补充矿物质

人们在寒冷的天气里怕冷与机体缺乏某些矿物质有很大的关系，人如果缺少钙和铁就会怕冷。钙在人体内含量的多少，可直接影响心肌、血管及肌肉的伸缩性和兴奋性。血液中缺铁是导致缺铁性贫血的重要原因，常表现为产热量少、体温低等。因此，补充富含钙和铁的食物可提高人体的御寒能力。

含钙的食物主要包括牛奶、豆制品、海带、紫菜、贝壳、牡蛎、沙丁鱼、虾等；含铁的食物则主要为动物血、蛋黄、猪肝、黄豆、芝麻、黑木耳和红枣等。

补充蛋氨酸耐寒元素

寒冷天气使人对体内蛋氨酸的需求量增大。蛋氨酸可以通过转移作用，提供一系列适应寒冷所必需的甲基。

雪灾过后应多摄取含蛋氨酸较多的食物，如芝麻、葵花子、乳制品、酵母、叶类蔬菜等。现代医学也已证实了芝麻有抗衰老作用。

多吃一些辣的食物

辣的食物可以祛寒。辣椒中含有辣椒素，生姜含有芳香性挥发油，胡椒中含胡椒碱。它们都属于辛辣食品，多吃一些，不仅可以增进食欲，还能促进血液循环，提高御寒能力。

此外，要忌食或少食黏腻、生冷的食物，因为此类食物属阴，易使脾胃中的阳气受损。

灾后救助

　　气象部门应当为保险机构办理受灾人员和财产的保险理赔事项提供准确的灾情信息证明。保险监管机构应当依法做好灾区有关保险理赔和给付的监管工作。

　　气象灾害应急指挥机构应当会同相关部门及时组织调查、统计气象灾害事件的影响范围和受灾程度，评估、核实雪灾所造成的损失情况，报同级应急委员会、上级应急指挥机构和相关部门，并按规定向社会公布。

　　县级民政部门每年调查冬令（春荒）灾民生活困难情况，建立需政府救济人口台账。

　　民政部会同省级民政部门，组织有关专家赴灾区开展灾民生活困难状况评估，核实情况。制定冬令（春荒）救济工作方案。

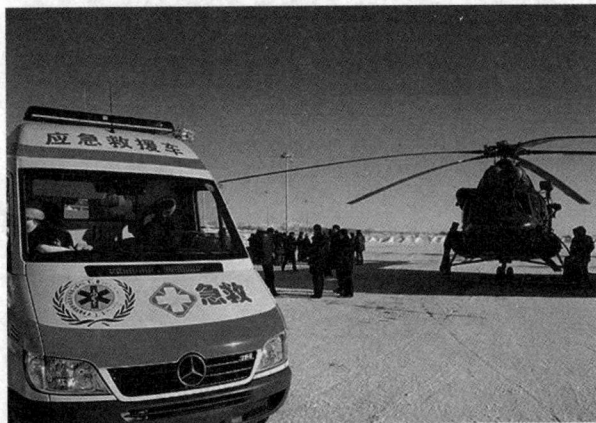

根据各省、自治区、直辖市人民政府向国务院要求拨款的请示，结合灾情评估情况，会同财政部下拨特大自然灾害救济补助费，专项用于帮助解决冬春灾民吃饭、穿衣等基本生活困难。

灾民救助全面实行《灾民救助卡》管理制度。对确认需政府救济的灾民，由县级民政部门统一发放《灾民救助卡》，灾民凭卡领取救济粮和救济金。向社会通报各地救灾款下拨进度，确保冬令救济资金在春节前发放到户。

对有偿还能力但暂时无钱购粮的缺粮群众，实施开仓借粮。通过开展社会捐助、对口支援、紧急采购等方式解决灾民的过冬衣被问题。

发展改革、财政、农业等部门落实好以工代赈政策、灾歉减免，粮食部门确保粮食供应。

恢复重建

  灾后恢复重建工作坚持"依靠群众，依靠集体，生产自救，互助互济，辅之以国家必要的救济和扶持"的救灾工作方针。灾民倒房重建应由县（市、区）负责组织实施，采取自建、援建和帮建相结合的方式，以受灾户自建为主。建房资金应通过政府救济、社会互助、邻里帮工帮料、以工代赈、自行借贷、政策优惠等多种途径解决。房屋规划和设计要因地制宜，合理布局，科学规划，充分考虑灾害因素。

  组织核查灾情。灾情稳定后，县级民政部门应立即组织灾情核定，建立因灾倒塌房屋台账。省级民政部门在灾情稳定后 10 日内将全省因灾倒塌房屋等灾害损失情况报民政部。

  开展灾情评估。重大灾害发生后，民政部会同省级民政部门，组织有关专家赴灾区开展灾情评估，全面核查灾情。

  制定恢复重建工作方案。根据全国灾情和各地实际情况，制定恢复重建方针、目标、政策、重建进度、资金支持、优惠政策和检查落实等工作方案。

  根据各省、自治区、直辖市人民政府向国务院要求拨款的请示，结合灾情评估情况，民政部会同财政部下拨特大自然灾害救济补助费，专项用于各地灾民倒房恢复重建。

  定期向社会通报各地救灾资金下拨进度和恢复重建进度。

  向灾区派出督查组，检查、督导恢复重建工作。

  有关部门制定优惠政策，简化手续，减免税费，平抑物价。

  卫生部门做好灾后疾病预防和疫情监测工作。组织医疗卫生人员深入灾区，提供医疗卫生服务，宣传卫生防病知识，指导群众搞好环境卫生，实施饮水和

食品卫生监督，实现大灾之后无大疫。

发展改革、教育、财政、建设、交通、水利、农业、卫生、广播电视等部门，以及电力、通信等企业，金融机构做好救灾资金（物资）安排，并组织做好灾区学校、卫生院等公益设施及水利、电力、交通、通信、供排水、广播电视设施的恢复重建工作。

第五章

历史上的重大雪灾

1888 年的美国冬天

冬天的气候时冷时暖，对美国人来说，1888 的冬天是有史以来最糟糕的。温暖的天气一直持续到圣诞节，1 月份，冷空气横扫洛基山脉，带来的寒流吞没了蒙大拿州、达科他州和明尼苏达州。

从 1 月 1—13 日，大风夹杂着暴雪和严寒使人们经受了有史以来最严峻的雪暴考验，之后天气趋于平静，然而紧接着便是漫长的严冬。

从 3 月 11—13 日，暴雪以 113 千米/小时的速度袭击了从切萨皮克海湾到缅因州的东部地区，温度降到 0°F（－18℃）。接着，大风又使温度骤降到－35°F（－37℃）。东部河面开始结冰，人们甚至可以从曼哈顿步行到布鲁科林。

纽约州和新英格兰的东南部平均降雪达 40 英寸（约 1 米），纽约市荷拉得广场积雪达 9 米深。所有的公路和铁路运输全部瘫痪。因为消防车无法到达，有的地区一旦发生火灾便很难控制。这次雪暴使 400 人丧生，其中 200 人死在纽约市。野生和家养动物受害尤为严重，成千上万只鸟被冻死在树上，大量牲畜死亡，有些甚至被原地冻死。

1970 年秘鲁大雪崩

1970 年 5 月 31 日 20 时 23 分。

秘鲁安第斯山脉的瓦斯卡兰山。

此时，在寒冷的山区，不少人都进入了甜美的梦乡。

突然，远处传来了雷鸣般的响声。随即，大地好像波涛中的航船，顿时失去了控制，在疯狂地、猛烈地颤抖着。紧接着，又从远处传来了山崩地裂般的响声，震耳欲聋，把人们从甜美的睡梦中惊醒。有的人醒来之后，顾不得穿衣服便稀里糊涂地向外奔跑。那些正在夜读、娱乐和工作着的人们，被这突如其来的响声惊呆了。稍稍镇静下来，便都急急忙忙地逃到室外。人们还不知道究竟发生了什么事情，房屋便东倒西歪、吱吱作响地坍塌下来。

"地震！""地震！"有人惊恐地呼喊着。

这时，人们才意识到地震灾祸已经降临。

那些还未来得及逃离屋子的人们，都被压在倒塌下来的乱砖碎石之中。有的已被砸死、砸晕，有的在大声地呼救、哭泣。已经跑到室外的人们，此时也都站立不稳，他们自顾不及，根本无法去抢救被压在坍塌物之下的亲朋好友。

外面，寒风凛冽，漆黑一片，谁也看不见谁，只听到隆隆的崩塌声。

忽然，又一阵惊雷似的响声从瓦斯卡兰山峰方向传来，由远至近，一会儿，山崩地裂，雪花飞扬，狂风扑面而来。

原来，由地震诱发的一次大规模的巨大雪崩爆发了。

在强大气浪即"雪崩风"的震动和冲击下，沿途的积雪纷纷落下跟随，呼啸而去，汇成的冰雪巨龙越来越大。轰隆隆之声，夹杂着噼里啪啦的断裂声，传遍了空旷山林。冰雪飞龙所到之处，岩石被击得粉碎，树木不是被连根拔除，就是被拦腰折断，房屋被冲得支离破碎。

被冰雪巨流扫荡过的地方，留下了一片荒凉凄惨的景象。到处都是倾倒的树枝、断了头的树根、匍匐着的灌木，被剥去植被的光秃秃的山坡，破碎的房屋……

这条冰雪巨流在故道里高速行进着，速度之快，令人十分震惊。或许是高速运动之故，它改变了原有的前进方式，形成了罕见的跳跃式雪崩：一股高速行进中的冰雪流，带着强大的气浪，翻越了瓦斯卡兰山峰下的一个山脊，向着沟谷肆无忌惮地横扫而去，所经之处，森林植被全部被毁坏，使另一个山谷也遭到冰雪流的严重破坏。

当冰雪巨龙沿着故道冲到冰舌的末端时，崩塌而来的雪量已达到了3000万立方米，其中携带着数百万立方米的岩石碎屑，形成高达近百米的龙头，继续呼啸着向山下河谷、城镇冲去，一路所过，河流被截，道路被堵，城镇摧毁，农田被淹……

在瓦斯卡兰山下，有一座容加依城，当雪崩刚刚发生之时，容加依城正在遭受地震的袭击，人们正在忙着抢救自己的亲人，有的准备逃离危险之地以躲避灾祸。这时，带着强大冲击力的气浪迎面袭来，把人们全部推倒在地。顷刻间，巨大的冰雪巨龙呼啸而至，大多数人被压死在冰雪体之下。快速行进中的冰雪巨龙，形成强大的空气压力，使许多人窒息而死。

容加依城所有的建筑物，已被地震震得东倒西歪，只剩一些断墙残壁。随着冰雪巨龙的飞速到来，强大的气浪将废墟上的一些轻便物品、门窗残木、床板木架等掀得一干二净。房屋柱梁被掀到了河谷之中，屋门窗框被掀到了山岩之上，残剩的房顶被抛到了远处，剩下的残壁断墙被随之而至的冰雪巨龙碾身而过，压倒在地。

冰雪巨龙扫荡了容加依城后，最后停滞在附近的一条河谷之中。巨大的冰雪体堵住了一条河流，使河水蓄积，形成了一座"临时水库"。经过一段时间，由冰雪体形成的临时冰雪坝开始融化，导致了冰雪坝的垮塌。"临时水库"蓄积的大量河水，汹涌而下，造成了一定范围内的水灾，使容加依城附近的农田被淹。

这场大雪崩所形成的冰雪巨流横扫了 14.5 千米的路程，受灾面积达 23 平方千米，将瓦斯卡兰山下的容加依城全部摧毁，有 2 万居民死亡，城外大部分农田、村庄毁于一旦。

俗话说，祸不单行。地震不仅诱发了大雪崩，还触发了大规模的泥石流。

地震发生之后，山峰上的碎石、土体和冰雪碎块急驰而下，高速滑动中的冰雪碎石和土体形成了泥石流，从山上席卷而下。一路上，大量的森林、植物、荆棘、灌丛被毁坏殆尽。然后，泥石流又向秘鲁中部的阳盖镇和潘拉赫城冲去，大批房屋、建筑物、人畜被掩埋。将近 2/3 城镇被摧毁，死亡人数达 2 万。

地震、雪崩、泥石流，给秘鲁人造成了惨重的损失。据有关部门灾后统计，在地震中死亡人数 1.2 万人，由地震引发的雪崩中死亡人数 2 万多人，由地震引发的泥石流中死亡人数约 2 万人，合计死亡人数达 5.2 万人之多，造成的经济损失竟达 5 亿多美元。

1977年中国北方大部爆发区域性寒潮

　　1977年10月24—29日，中国北方大部地区降了雨雪，华北、华东北部降了大暴雨（雪），其中内蒙古普降暴雪，锡林郭勒盟北部最大，过程降雪量达58毫米，乌盟北部、赤峰市北部、哲盟北部及兴安盟、呼盟牧区降雪量25～47毫米，上述地区积雪厚度达16～33厘米，局部60～100厘米，为近40年罕见，大雪封路，交通中断，造成严重特大雪灾。据不完全统计，锡林郭勒盟牲畜死亡300余万头，占牲畜总数的2/3；乌盟牲畜死亡56万头（只），死亡率达10.8%；赤峰市60万头（只）牲畜处于半饥饿状态，30万头（只）牲畜无法出牧，死亡牲畜10万头（只）；昭盟北部下了冻雨，造成电线严重结冰，个别地区邮电通信中断。

美国东北部的雪暴

1978 年 1 月 25—26 日，160 千米/小时的狂风和深为 31 英寸（79 厘米）的大雪袭击了俄亥俄州、密歇根州、威斯康星州、印第安纳州、伊利诺斯州和肯塔基州，当时温度降到 -50°F（-45℃），导致 100 多人死亡，经济损失达数百万美元。

从 2 月 5—7 日，该雪暴从大西洋海岸向北进发。根据美国红十字会统计，共有 99 人死亡，4500 人受伤。风速为每小时 110 英里（177 千米）的狂风把海浪推到了 18 英尺（5.5 米）高，美国罗德岛州和马萨诸塞州均出现了 50 英寸（1.27 米）的降雪。纽约降雪为 17.7 英寸（45 厘米），波士顿和普罗维登斯降雪为 24 英寸（61 厘米）。暴风雪给马萨诸塞州带来了 5 亿美元的经济损失，纽约和新泽西的损失为 9400 万美元。

雪暴很容易在冬天出现。特别在东部地区更为常见，而且影响范围很大。1973 年 12 月 17 日，雪暴和刺骨严寒控制了佐治亚到缅因州的各个地区。1983 年 2 月 11—12 日，美国东北部各城市受雪暴袭击产生的降雪至少有 2 英尺（61 厘米）。1983 年初冬的时候，随着温度降低到冰点，新的暴风雪从太平洋向东移动，夹杂着大量的潮气，产生降雪。11 月 28 日，雪暴导致了怀俄明州、科罗拉多州、南达科他州、内布拉斯加州、堪萨斯州、明尼苏达州和爱荷华州的 56 人死亡。

1987 年 1 月 22 日，佛罗里达州和缅因州也在劫难逃。其他的暴风雪影响范围相对较小，1979 年 2 月 19 日的雪暴只波及了纽约和新泽西州。

2003 年的冬天是几年来最冷的，1 月到 2 月份，美国东部诸州再次遭受暴风雪袭击。从 2 月 15—17 日，"总统日风暴"导致了大规模的灾害。

1996 年席卷欧洲的暴风雪

　　1996 年 1 月，雪暴刚刚袭击完美国东部又转到英国。2 月初，英国大部分地区都被大雪和狂风所控制，更为糟糕的是很多地区出现了冻雾天气。

　　位于坎布里亚郡的核工厂被迫关闭，1000 多人被困在厂内两天两夜。位于苏格兰西南部达姆弗利和格洛威宣布进入紧急状态，因为当地公路上有几百人被困在汽车里。当位于英格兰和苏格兰之间的公路发生堵塞时，有 1000 多人被困在车里长达 22 小时，最后被送到急救中心。直到第二天凌晨 4 时，北部公路才开通，南部公路需要开通的时间更长。一辆火车在该地区被大雪所困，工作人员和乘客最后被直升机救走。波及整个英国的狂风和暴雪使数万个家庭断电。

　　2 月份，天气刚刚变暖，恶劣的雪暴再次来临。3 月 12 日，苏格兰和英格兰一片瘫痪。苏格兰滑雪场被迫关闭，北海油田的工人也饱受其苦。救援直升机也因为每小时 100 英里（160 千米）的狂风而无法起飞。

　　雪暴通常具有破坏性，而且很危险。铁路和公路被阻塞，电线和电话线被破坏，使人们陷于困境。每年冬天随时可能会有暴风雪出现，而且不仅限于北部地区。南至佛罗里达州，东至地中海地区都可能受到影响，有时产生的严重后果使人难以料及。

1999 年阿尔卑斯山大雪崩

1999 年 1 月下旬起，阿尔卑斯山区气候异常，起初是很反常的温暖，最高温度一直升到了 4~5℃，继而是连续两个多星期的暴风雪，寒风劲吹，最大风力超过了 12 级。这是百年未遇的特大暴风雪，2 月初以来该地区的降雪量达到了往年同期降雪量的 7 倍。地处阿尔卑斯山上的奥地利小镇加尔蒂是欧洲最著名的冬季度假胜地之一，那里三面环绕着险峻的山崖峭壁，一面是开阔而平缓的斜坡，一直延伸到遥远的山脚下，形成了一大片极佳的天然滑雪场地。2 月 23 日，摇摇欲坠的积雪终于失去了平衡，下午 3 时 59 分，雪崩突然暴发了。聚积如山的积雪从天而降，沿着山崖倾泻而下，似万马奔腾般地顺坡扫荡，直扑加尔蒂小镇。

一切发生得实在太快。事后有幸存者回忆，只感到房屋突然剧烈震动，接着整个人体便全部被掩埋在雪中不能动弹了；也有幸存者回忆，只见一道近 100 米高的雪墙铺天盖地般扑了过来，人便失去了知觉……其实整个过程只有两三分钟，原来聚集在山崖顶上的大量积雪一下子冲入了加尔蒂小镇，在小镇上瞬间堆成了一座硕大无比的"雪山"，这"雪山"脚已经侵入了小镇安全区 100 多米，那里的所有建筑物、汽车、人员等都被压在了"雪山"之下。有幸留在"雪山"外的人们遭到了巨大气流的冲击，感受到了房屋的震颤。虽然只有短短的两三分钟，已经满地都是变了形、翻了身的汽车，到处可见被毁建筑的破碎构件。有些小屋与飞来的"雪山"擦肩而过，"雪山"边缘使它立即倾斜、坍塌；经过特别加固的小木屋被整体掀翻；结构特别坚固的建筑虽然不倒塌，可是雪从门窗贯入，一刹那塞满了整个房间，室内的人和物一下子被雪固定了。至于压在"雪山"下的整条街道、大片建筑物群更是不堪设想。

这场雪崩灾难立即引起了全世界的关注，美国和德国军方及时出动军用直升机，将大批军人运抵加尔蒂小镇，展开了紧急救援。大批无处存身的居民和游客被从冰雪中解救出来，安排到了当地的体育馆等处于安全地带的公共设施中避难。伤者也得到了及时的抢救与治疗。尽管对雪崩灾难的救援是及时和有效的，然而仍然有 60 人不幸丧生。

2007年3月辽宁省特大暴风雪

2007年3月3—5日，受强冷空气和温带气旋的共同影响，中国出现2006—2007年范围最大、北方地区最强的一次雨雪天气过程。其中，东北东部和南部出现了自1951年有气象记录以来历史同期最强的暴风雪天气。由于风雪交加、气温低、能见度差，对农牧业、工业、交通等造成严重影响。此次暴风雪（雨）和风暴潮灾害，使辽宁、吉林、黑龙江、北京、天津、河北、内蒙古和山东等北方8省（区、市）遭受了巨大的经济损失。辽宁交通几乎瘫痪，机场和高速公路全部封闭，至东北方向的列车全部晚点，部分列车停运。

2007年3月初，由于受贝加尔湖强冷空气和江淮气旋的共同影响，3—5日辽宁省出现了1951年以来同期罕见的大风雪和寒潮天气过程。其中，大连和丹东地区普降暴雨，其他地区降中到暴雪。经统计，全省大部分地区的降水量

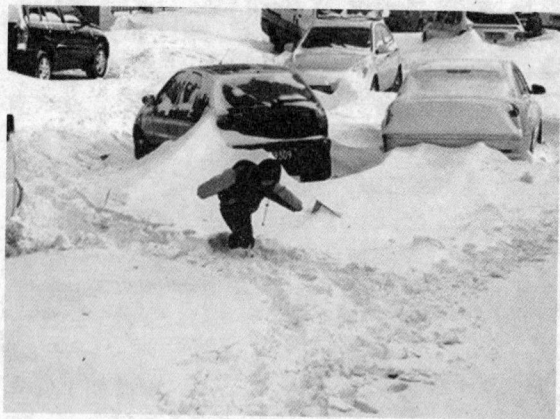

（48 小时内）都超过了 30 毫米，丹东、鞍山、本溪、辽阳、大连超过 50 毫米，沈阳达 49 毫米。丹东和东港的降水量达到最大，分别为 99 毫米和 106 毫米。在 48 小时内全省大部分地区的平均积雪深度在 20 厘米以上，辽宁中北部的积雪深度达 20~45 厘米，局部背风面等涡风地带积雪深度更高，达 60~100 厘米。与历年 3 月上旬的平均降水量相比，这次辽宁省各地 3 月 3—5 日的过程平均降水量是常年当地 3 月上旬总降水量的 10 倍以上，均超过了当地 3 月上旬的历史最大值。

陆地和各海区出现了平均风力 7~8 级（13~20 米/秒）的偏北大风，沈阳本站 5 日凌晨出现阵风最大值达 26 米/秒。在渤海出现了 8~9 级（17~24 米/秒）、阵风 11~12 级（28~36 米/秒）的大风，同时伴有 4~5 米的巨浪。辽宁海区还遇到了自 1969 年以来最强的一次温带风暴潮，风暴增水可达 150~250 厘米。受冷空气的影响各地气温明显下降，降温幅度达到 10~15℃，其中北部、西部地区平均最低气温可达-19~-15℃，中部地区达-15~-13℃。在 3 月上旬出现如此大的强降雪和大风降温天气是非常罕见的。

从 2007 年 3 月 3 日 8 时至 4 日 8 时，除桓仁地区外，全省各地均发生不同程度的降水（雪）过程。随时间的推移，降水（雪）的范围和强度都在增加。本次暴风雪天气的降水特点是范围广、强度大、持续时间长。伴随寒潮而来的暴风雪天气其主要特点是大雪、强风和急速降温。暴风雪发生时，狂风裹挟着暴雪能够造成雪灾、风灾，同时，由于能见度低、道路结冰、海洋风暴潮发生等，也会造成雪灾、风灾以外的灾害。寒潮的强降温使农、林、果、蔬菜等受冻害，甚至造成人畜受冻伤亡。更为严重的是大风暴雪交加的天气在地面上所形成的积雪和雪堆会造成雪阻，可使交通中断数天，甚至可出现交通事故。2007 年 3 月 3—5 日发生在辽宁省的特大暴风雪和寒潮天气给全省的各行业造成了巨大的损失。据气象部门不完全统计，灾害造成的直接经济损失约 145.9 亿元。

由于此次暴风雪天气的降雪持续时间长，分布面较宽，强度大，并且伴有大风，使辽宁省大部分地区都受到了不同程度的灾害。全省农业、渔业遭受的损失最为严重，直接经济损失约 88.3 亿元，占总经济损失的 60.5%。受灾最重地区有朝阳、锦州、葫芦岛、沈阳等地，灾害造成全省90个县（市、区）的49万农户受灾，其中，有近45万栋大棚倒塌或严重受损，尤其是那些高投入、高产出的蔬菜日光温室损失更为严重。据不完全估计，经济损失约为48.11亿元，占农（渔）业总经济损失的54.5%。暴风雪还给该省的畜牧业和设施渔业造成了一定的损失。据辽宁省海洋渔业厅初步统计，特大风暴潮使辽宁省渔业设施损失近50万平方米，约占全省渔业设施总面积的1/5，其中养殖用台筏也损失多达7万台，直接经济损失达6.8亿元。而给畜牧业造成的直接经济损失高达6.3亿元。

由于这次暴风雪灾害使东北特钢大连基地等大型骨干企业停产、鞍钢轧钢厂基本处于停产状态，个别高炉停炉、北钢集团等大型企业厂房坍塌、部分设备及原燃材料受损严重，处于停产状态，使全省工业总损失约30.53亿元，占总经济损失的20.9%。交通是辽宁暴风雪过程中损失最严重的行业之一。由于这次暴风雪大的缘故，很多地方降雪厚度达30厘米以上，在背风坡和涡风等地的积雪厚度甚至达到100厘米，使辽宁省交通大面积受阻，全省海陆空交通接近瘫痪，辽宁几乎成为一个"孤岛"。从4日至6日，省内11条高速公路全线封闭，全省6200余条班线的16 350辆班车、2500辆包车、813万辆出租车以及近30万辆营运货车停运。据辽宁省交通厅运输管理局统计，仅公路交通一项就造成经济损失2.24亿元。铁路局管内列车大面积晚点，机场和高速公路关闭时间长达48小时，其中公路、街道被困车辆中的群众达2.8万人，数万名旅客滞留，致使辽宁省交通运输及公用基础设施等行业遭受损失约8.37亿元。在这场暴风雪天气过程中，辽宁各海区出现8~9级的偏北大风，旅顺地区最大瞬时风速达12级，是1951年以来的极大值，由此导致渤海湾全面停航。

至此，辽宁海陆空交通基本中断。

经估算，这次寒潮和暴风雪天气给辽宁省带来的积雪面积约为 14 万平方千米，占全省面积约 96%。全省有 120 多万人受灾，因灾死亡 13 人，紧急转移安置灾民 4 万多人。其中，倒塌和居住危房的农村特困户 1.2 万人；倒塌房屋 1300 多户、4500 多间，损坏房屋 3800 户、5000 多间；辽宁部分市地的中小学停课，例如，在沈阳 90 多万名学生连续放假 2 天；鞍山市百万市民徒步上班。此外，灾害发生时，多数城市出现停水、停电、停气现象，给人民生活带来了极大不便。

2007年天津地区大到暴雪对城市交通的影响

2007年3月3—5日，受强冷空气影响，天津地区先后出现了强雨雪、大风和寒潮天气。这次天气过程对天津的城市交通造成了一定影响，市区道路通行缓慢，途经天津的十条高速公路一度全部关闭，天津滨海国际机场数十个航班受到影响。但由于预报准确，天津市各级政府和交通、交管部门提前做好了防御准备，及时启动雪天紧急预案，将这次灾害性天气对交通的影响减到了最小。

受强冷空气和气旋的共同影响，3月3日中午前后天津地区开始出现降雨，入夜后逐渐转成雨夹雪，后半夜到4日白天以降雪为主。据天津市各区县气象台站的观测统计，天津市24小时降雨量（3日8时至4日8时）普遍达到中到大雨，最大降雨量出现在蓟县，为32.5毫米；有9个观测站24小时（4日8时至5日8时）降了大雪，最大降雪量出现在汉沽，为10.6毫米，达到暴雪量级。

3月上旬，天津地区出现这样的强降水在历史上是罕见的。从1951—2004年的历史资料统计结果看，3月上旬天津各地的旬降水量在1.6~2.9毫米，2007年3月上旬降水量是多年平均值的11（蓟县）~25（大港）倍；历史同期最大降水量值普遍在13~21毫米，这次降水量比历史最多年份还偏多11（宁河）~32（大港）毫米。

这次雨雪天气对天津的城市交通造成了较大的影响。3日白天天津地区主要以降雨为主，且雨量不大，对交通的影响很小。入夜后，转为雨夹雪，气温也持续下降，4日早晨，部分路面结冰，对交通的影响开始加大，路面湿滑，车行缓慢，部分路段出现压车现象。4日白天，天津市大部分区县降了大雪，局部地区达暴雪量级，能见度下降，积雪厚度普遍在 4 ~ 18 厘米。4 日是星期天，又正值中国的传统节日元宵节，串亲访友、购物和赏灯的市民很多，乘坐公共交通工具和自驾车出行的人流达到了一个高峰。据统计，4 日天津市仅出租车载客量就较平日增加了四成。由于降雪，市区各条道路路面湿滑、车行缓慢，部分路口和桥梁出现压车和拥堵现象，对市民出行影响很大。

从 3 日后半夜开始，途经天津的京沪、京沈、唐津、京晋、京石、京津塘高速等 10 条高速公路已经全都封闭；到 5 日，除津滨高速开启外，途经天津的其他高速公路仍处于封闭状态。4日上午，天津滨海国际机场关闭。国航、海航、东航等航空公司由天津起飞到上海、深圳、哈尔滨等地的所有航班全部停飞。由上海、深圳等地飞往天津的 10余个航班也由于本市的这场降雪延误，累计数十个航班受到影响。

2008 年中国南方雪灾

2008 年中国雪灾是指自 2008 年 1 月 10 日起在我国发生的大范围低温、雨雪、冰冻等自然灾害。

本次雪灾中，上海、浙江、江苏、安徽、江西、河南、湖北、湖南、广东、广西、重庆、四川、贵州、云南、陕西、甘肃、青海、宁夏、新疆等 19 个省（自治区、直辖市）均不同程度受到低温、雨雪、冰冻灾害影响。据民政部初步核定，因雪灾死亡 129 人，失踪 4 人，紧急转移安置 166 万人；农作物受灾面积 1186 亿平方米，成灾 5 万平方千米，绝收 1 万平方千米；倒塌房屋 48.5 万间，损坏房屋 168.6 万间；因灾直接经济损失 1516.5 亿元人民币。森林受损面积近 186 000 平方千米，3 万只国家重点保护野生动物在雪灾中冻死或冻伤；受灾人口已超过 1 亿。其中湖南、湖北、贵州、广西、江西、安徽、四川 7 个省份受灾最为严重。

产生的环境、社会问题

暴风雪造成多处铁路、公路、民航交通中断。由于正逢春运期间，大量旅客滞留站场港埠。另外，电力受损、煤炭运输受阻，不少地区用电中断，电信、通信、供水、取暖均受到不同程度影响，某些重灾区甚至面临断粮危险。而融雪流入海中，对海洋生态亦造成浩劫。台湾海峡即传出大量鱼群暴毙事件。

雪灾成因

中国国家气象部门的专家指出，这次大范围的雨雪主要应归因于与拉尼娜现象有关的大气环流异常：环流自1月起长期经向分布使冷空气活动频繁，同时副热带高压偏强、南支槽活跃，源自南方的暖湿空气与北方的冷空气在长江中下游地区交汇，形成强烈降水。大气环流的稳定使雨雪天气持续，最终酿成这次雪灾。不过，专家强调，中国遭罕见冰雪灾害天气是多种因素造成，拉尼娜不是唯一原因。

2013 年孝感遭遇罕见雪灾

2013 年 2 月 18 日夜至 19 日清晨，孝感市普降中到大雪，伴有雷暴，共造成 4.2 万多人受灾，倒房 179 间，城区 2 万多株行道树"受伤"。

据气象部门报告，此次孝感城区降雨、降雪量最大，为 21.5 毫米，雪深 5 厘米。孝感市城区路两旁的行道树许多树枝被积雪压断倒地，造成交通阻塞。

大雪给农业生产造成严重影响。春晖集团三汊基地，20 个镀锌钢管大棚被积雪压塌了 18 个，里面的黄瓜、番茄、辣椒等菜苗遭殃。据初步统计，该市小麦、油菜、蔬菜等农作物受灾 83 万多亩，成灾 18.5 万亩，绝收 2.32 万亩；另有 7 万亩林地、苗圃受灾，受灾畜牧养殖户 956 户，倒塌圈舍面积 1.57 万平方米。

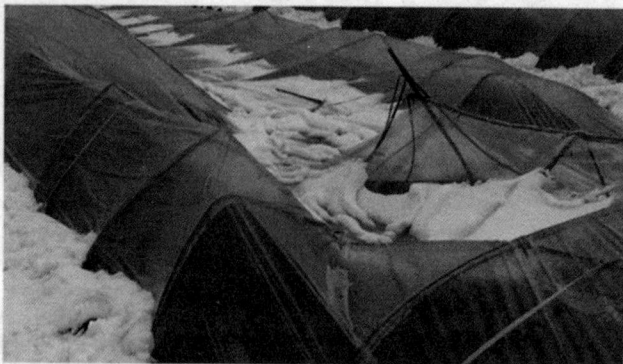

2013 年美国东北部"末日"雪灾

2013 年 2 月 9 日美国东北部的马萨诸塞州的温斯罗普市遭受暴风雪袭击，当天降雪超过 60 厘米。这起暴风雪已经在美国造成至少 9 人死亡，数十万用户停电，东北部地区交通大面积瘫痪。

据康涅狄格州州长马洛伊称，该州几乎全部地区都遭到前所未有的暴雪袭击。

马萨诸塞州州长帕特里克

197

表示，除了清除积雪和恢复电力外，确保工作日到来时恢复公共交通是另一个重大挑战。

波士顿的学校 11 日关闭一天，以缓解当天的早高峰给救灾带来更大压力。

随着暴风雪逐步向加拿大及外海移动，各地的驾车禁令正在被取消，但当局警告，路况仍然非常危险，建议人们继续尽量避免外出。